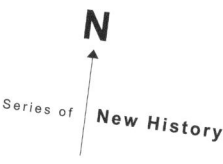

新史学译丛

Disciplines in the Making:

Cross-Cultural Perspectives on Elites,

Learning, and Innovation

形成中的学科

跨文化视角下的精英、学问与创新

〔英〕G.E.R.劳埃德 著

陈恒 洪庆明 屈伯文 译

G. E. R. Lloyd
DISCIPLINES IN THE MAKING
Cross-Cultural Perspectives on Elites, Learning, and Innovation
Copyright © G. E. R. Lloyd 2009
根据牛津大学出版社 2009 年版译出

"新史学译丛"编辑委员会

主　编：彭　刚　陈　恒
编　委（按姓氏音序为次）：
　　　陈　栋　陈　新　顾晓伟　洪庆明　李任之
　　　李子建　梁　爽　刘北成　刘耀春　吕思聪
　　　孙宏哲　王春华　岳秀坤

目 录

序言　　/1
导言　　/3

第一章　什么是哲学？　　/9
第二章　数学　　/39
第三章　历史学　　/71
第四章　医学　　/96
第五章　艺术　　/116
第六章　法律　　/136
第七章　宗教　　/164
第八章　科学　　/183
结论　学科与科际整合　　/206

文献版本说明　　/220
参考文献　　/222
索引　　/241
译后记　　/254

序 言

本书是拙著《认知诸形式：反思人类精神的统一性和多样性》(*Cognitive Variations: Reflections on the Unity and Diversity of the Human Mind*)的续篇。《认知诸形式》探索了人类认知行为在诸如空间、色彩和情绪等方面的共性和差异。但在该书中，我未能处理一个主要的重复性问题群，即不同领域的人类经验的理解是如何被组织起来的，不同的知识学科（intellectual disciplines）*是如何出现的，学科出现的制度性环境是怎样的。如今我正试图研究这些问题。我先前的著作质疑了一个过于草率的假定，比如说，空间认知是一种跨文化的普遍认知。而这本书对于不同时期、不同社会之于哲学、数学、历史学等学科的理解也提出了类似问题。在多大程度上我们有理由假定这些理

---

* 作者在本书中表述"学科"及相关概念时，用到了许多意思接近却又并不完全相同的英文表达。在此，译者统一作简要说明，以表明翻译时是如何处理这些意义相近的英文表达的。作者在书中较多使用 intellectual disciplines、learned disciplines，有时还会以 subjects、areas 等词笼统指称"学科"的概念。译者在翻译时采取的方式是，在该词第一次出现时用括注方式标明作者所用英文词汇，故后文如果再次出现该中文对译词，则必然严格对应其英文表达，以下不再赘述。（本书带 * 页下注释多为译者所加，此类情况不另注。）

解与所有或大多数人共有的认知追求（cognitive ambition）相对应？或者，每门学科在多大程度上于不同社会中各自发展出别具特色的形式？现代西方人对这些问题的理解体现在大学系科的设置中。然而，如果说这是我对每一种情况进行探索的起点，那么其终点便是指出任何此类假定的不当之处。

在本书的写作过程中，我有幸得到了许多友人及同事的建议，他们在各自专精的学科领域内给出的观点使我受益匪浅。在此感谢艾伦·布莱克韦尔（Alan Blackwell）、约翰尼斯·布朗克霍斯特（Johannes Bronkhorst）、保罗·卡特利奇（Paul Cartledge）、林力娜（Karine Chemla）*、塞拉芬娜·科莫（Serafina Cuomo）、西蒙·戈德希尔（Simon Goldhill）、罗布·福利（Rob Foley）、尼克·汉弗莱（Nick Humphrey）、凯瑟琳·奥斯本（Catherine Osborne）、罗宾·奥斯本（Robin Osborne）、埃莉诺·罗布森（Eleanor Robson）以及埃米·萨蒙德（Ami Salmond）。当然，以上所有人都无须为我使用这些建议的方式负责，但是可以肯定的是，如果没有他们慷慨地为我提供这些建议，这本书一定不会像现在这样涵盖多方面的知识。

此外，还要感谢牛津大学出版社的彼得·莫齐洛夫及其同事和顾问们，感谢他们对早期书稿提出的批评，也感谢他们推进终稿顺利成书。

G.E.R. 劳埃德

---

* 林力娜，法国国家科学研究中心（CNRS）研究人员，中国数学史学者，曾与中国数学史专家郭书春教授合作将《九章算术》译为法文，并于 2004 年在法国出版。

导　言

宽泛地说，我们自己的知识学科图谱具有合理的跨文化性，这个假设的产生是诸多因素共同作用的结果，其中一个因素便是全世界高等教育体系的结构。我们看似可以毫不费力地将大学中的数学、各种自然科学、医学、历史学，乃至哲学与宗教院系区分开来。不同社会实际发挥作用的法定安排是有明显差异的，世界不同地区所产生的人文学科亦有显著不同。但即使在这些情况下，我们仍然倾向于认为，法律和人文学科是与定义明确的社会经验和人类经验相对应的学科或活动，一般而言，它们都在负责培养合格从业者的第三级教育（tertiary education）、大学或者艺术院校中得到体现。如果我们自然而然地接受这种观点，那么作为从业者，我们可能会在未对"我们在做些什么"这一问题进行深思熟虑的情况下便着手工作，与此同时，作为钻研这些学科领域的历史学家，我们会对其历史连续性深信不疑。

本书的主要目的是针对与八个学科领域有关的一连串假设提出疑问，这些学科包括哲学、数学、历史学、医学、艺术、法律、宗教与科学。我将尤为关注有关学科（learned disciplines）[*]

---

[*] 此处 learned disciplines 是我们通常所谓 disciplines 的严谨表述，其所指即"学科"，英语中类似的用法还有 learned society（学会、学术社团）。由于中文文献中这种用法并不常见，故特此注明，以下不再注出。

构成和定义的历史资料和跨文化资料，关注精英在此过程中的角色变迁——不管其扮演的是积极还是消极角色，并且还将关注创新如何发生、在多大范围内发生。我同意这样一个说法，即我们今天对于这些学科领域的许多特点的解释端赖于相对晚近的19世纪欧洲的制度性发展，亦即院系的形成和讲席教授职位的设置。但是，更早的时段以及其他文化对于我们要理解的这些问题也有其贡献。我的目标是从全球视角观察人类致力于发展的这八个学科领域，看看这样的视角将对我们的理解产生怎样的影响。

2　　当然，试图去调查不同社会里与这些问题相关的所有资料——包括文字资料和非文字资料、古代资料和现代资料——是一个不可能完成的任务。我将不得不对其进行严格筛选，以集中讨论那些可能对学科划分、学科建立与维持做出特别贡献的不同时段与不同社会。在这一时段或者社会里，学科所具有的共同性（communality）及其特殊性（specificity）尤为明显。我将特别关注希腊与中国，既是因为这两个国家的古代社会是我最为熟悉的，也因为它们恰好为我所讨论的这些问题提供了丰富的证据，使人们得以追溯主要学科（principal discipline）和它们之间关系的广泛不同理解的肇始。在这一涉猎广泛的研究中，简明的结论与清晰的定义是绝难获得的，事实上这两者反而会具有误导性。我以尝试性的态度提出，这些积极结论应当这样进行理解：它们在其领域受到限制，尽管我认为这些结论的确与当前教育政策中的问题有关。

　　这一研究直接面临方法论上的异议。例如，如果我们说数学或者历史学在不同社会和不同时段存在变化，那么我们该如何区分这些缺乏评判标准的变体？它们果真就是数学或者历史学的变体,还是其他学科的变体?在我们评估学科与其变体之间的差异时,能避免使用我们已经熟知的那些分类体系吗?会不会出现这样的情况,即缺乏评判标准的变体将不被认为是数学而完全不予考虑?这样的情况还会在历史学及其他学科的研究中发生吗?以上种种将导致一个不幸的局面,即任何其他人的知识表现(intellectual performance)都将由"我们的"、西方的评判标准来加以判断。[1]然而,事实上始终存在一种强烈的倾向(不管我们有多么批判它),即认为至少"科学"和"哲学"在本质上是西方的产物。"学问"在多大程度上应该用西方的术语加以定义?事实上,这个问题是我经常关注的问题。

在我前文提及的方法论上的异议中存在一个主要缺陷,即首先假定了我们对于主要的知识学科拥有清晰、明确、标准的定义。但是,如果我们拿"哲学"作为一个例子(即我在本书第一章涉及的主题),我们便能发现,即便我们将自己限定在西方传统之内,对于这一学科的研究该如何进行,以及这一学科应该涵盖哪些内容,也会有诸多不同的观点。一旦我们意识到西方对此也有着那么多迥然相异的不同理解,我们将不那么

---

[1] 这一问题已经不时有人指出,即除了从"在"(within)"我们自己的"(our own)概念框架里做出评判,我们如何能够做出任何其他评判?其实是20世纪60年代和70年代关于"原始"社会所具有的"显然非理性的信仰"这一论战的本质问题。我不至于说这不过是个伪问题,但可以肯定的是,人们探讨这个问题的方式受到了以下两者的影响:其一是一种常见的极端做法,即对论题进行去语境化处理;其二是,与"我们"的可理解性、"我们"的理性概念有关的种种观念被不加变通地利用。我在2004年出版的一本书中的第一章《理解古代社会》("Understanding Ancient Societies")里讨论过这个问题,还将在本书第七章探讨宗教问题时重新简要讨论这一问题。

倾向于去忽视这样一个观点，即一些非西方的研究或许也可被视为"哲学"。当我们想到自然科学与医学时，我们会明显感觉到，在21世纪的欧洲和北美，充当主导性流行范式的是西方的实验科学、生物医学。但是，话又说回来，另外的主张早已并且还将不断被提出，特别是所谓的"另类"医学*，因而我们需要更加仔细地对此加以研究，而不是由于其无法适应那些范式，就草率地将其排除在外。

自始至终，我的策略是为不同社会、不同时段内在某种程度上系统的知识的肇始寻找证据，研究它们为何被如此定义，或者它们为何被以某些方式来理解；特定的个体或者群体在怎样的基础上声称拥有特殊的专业知识；当这种情况发生时，该学科领域专业化的影响是什么。当然，我不得不以我们习以为常的一些概念的几点相似性或者关联性作为切入点，即便在某些情况下，它们可能不如我们通常假定的那样清晰可辨——正如我已讨论过的"哲学"。因此，我最终将对我所研究的这些学科领域应当涵盖哪些内容采取较为宽泛的看法。在研究过程中，我将区分激励、抑制研究活动之发展的因素，并在该领域提出与我们今天依然面对的问题有关的结论。学科界

---

* 另类医学（alternative medicine）是西方医学界区别于常规医学（conventional medicine）的一个概念，通常另类医学与补充医学（complementary medicine）并称为"Complementary and Alternative Medicine"（CAM），中文通常译为"补充及另类医学"或者"补充及替代医学"。西方也有一些医学从业者将其称为"非常规医学"（unconventional medicine）。在西方医学界，包含于CAM的疗法多种多样，很难具体列举，中医中的草药、针灸等疗法即属于CAM，另有诸如按摩疗法、催眠疗法、芳香疗法等。一般来说，CAM的疗法基于经验，很难像西方常规医学一样能够通过实验获得具体数据以确认疗效，因而，这一医学领域的实际疗效和学科界定等问题在目前的西方医学界仍存在争议。

限有某种特定的约束力——或者说，关于这一点，我将予以论证。

我选定研究的那些学科可谓五花八门。学科实践的环境以及领域内宣称具备特殊专业知识的个体、精英人才，表现出很大的差异。在某些情况下，学科领域回应着实际需要——为了恢复健康，或为了制定法律与秩序，而不管"健康"或"秩序"是如何被构想的，尽管这才是一些主要问题所在。在其他情况下，关注点则在于满足某些需求或者追求理解。

谁是众学科的霸主？不同的观点引发了另一个相当复杂的问题。当宗教自诩为至高无上时，这可能是因为所有其他的人类行为应当匍匐在上帝崇拜之下。历史学有时以"历史学所提供的对于过去的如实叙述之于我们的未来而言是最佳指引"的观点支持其主张；而科学自视发挥了"揭示事物的起源和自然世界实际运行原理"的作用。为此，宗教经常以"人类历史是上帝意志的演变过程"回应历史学的自我声称；接着，面对科学解释事物何以如此时，宗教则绝不与科学一起解释为什么、是什么等问题，在宗教看来，这根本就是宗教的职权范围。有些哲学家提出，判断这些观点孰是孰非并不是以上这些学科的任务。哲学作为一种次级研究（second-order inquiry）反而是高高在上的，因为其任务是回答有关主体、目的、手段以及其他一级（first-order）学科（包括艺术、法律和数学）之成功标准的问题。但在任何情况下，我刚才提到的观点都不是唯一得到支持的观点，即便是在有关领域的专家中也是如此。对于学科之间相互关系所引出的问题，我将在结论一章中简要地进行回应。

八个学科都可能会在大学及其他高等教育机构（如艺术院校或神学院）的工作中得到体现，但没有一个学科仅是局限于这些机构。这些科目（subject）如何以及为何逐渐被视为学科是我反复关注的问题之一，我们将会看到，对于此问题的答案在不同情况下也极为不同。如果我们能够假定——我相信我们能够假定——所有人都可能分享知识、创造性、精神和抱负，我们就能从这些抱负如何实现、进一步发展甚至有时是如何被挫败的角度更多地了解在全世界不同社会中此事所具有的多样性，我们有充分理由去开拓视野，以使我们的认识基于现代西方经验之上。

第一章　什么是哲学？

究竟什么被视为"哲学"？在那些自称为"哲学家"的人中间，这个问题仍极具争议——事实上，在这些人中间，关于这个问题的争议尤其大。我先简述一下这一章的结构。在欧洲和北美不同的哲学传统之间，对于这个重要问题，至今仍存在分歧，我首先会对这些不同的看法进行评论。这些不同的哲学传统从希腊继承了什么？这个问题将把我带到我将探讨的最早的古代文明面前。的确，是希腊人创造了"哲学"（philosophia）这个术语，换言之，他们有着一个与我们现在的哲学概念颇为相似的范畴。我们必须仔细评估这一假设。

但三个其他的古代文明也提出了一系列各不相同的问题。我们能认为古代中国——没有与它对应的各类"行为主体"——曾经存在"哲学"吗？就此问题，一份最为知名的汉学研究刊物最近便曾用一整期的篇幅探讨这个问题（Cheng, 2005；参阅 Deleuze and Guattari, 1991:89），其中，大多数作者都认为，中国存在的并非是"哲学"，而是"智慧"（wisdom），当然，绝大多数作者对此持反对意见。比较而言，印度的学问似乎更容易与希腊类比，尽管这种观点同样值得我们以批判性思维加以审视。当我们考虑到阿拉伯的学问时会发现，阿拉伯从希腊借鉴了不少内容，并且形成了某种连续性，尽管伊斯兰世界中哲学的角色显然与其在古代希腊-罗马异教世界所占据的地位不同。我要提出的最后一个主题使我的研究更为深入，即是否能说哲学只在拥有机构和院校的文明社会（literate societies）——我们认为哲学今日是在这些地方被教授的——中才能被付诸实践。许多哲学家没有写下任何东西，但是在一些大体上不开化的（non-literate）文化中，哲学是可被理解的吗？

6　　有两种张力贯穿我对这个问题的探讨之中。其一是对"哲学"的理解是严格的还是宽泛的。如果是严格的，那就要对踏入哲学之门者设定严格的条件，很明显，绝大多数（如果不是所有）学院派哲学研究的重要领域是要纳入考虑范围的，比如逻辑学、认识论、本体论、形而上学、精神哲学、美学和伦理学。然而，如果采用一种更为宽泛的观点，哲学便是人类基本的认知能力的一种扩展，是对道德尤其是推理之类主题的深思、论证。

关于哲学思维（philosophizing）的目标存在着两种截然相反的观点，构成了第二种张力。第一种观点认为，其重心在于理性为王，如果运用理性得出反直觉的（counter-intuitive）或者与一般意见相冲突的结论，人们仍以理性为主导。第二种观点认为，哲学的功用仅在于"拯救现象"（save the phenomena）*，它的意思是：阐明和弄清人们通常信仰什么，将这些信仰中的种种矛盾剔除，并且无疑还需要在明晰这些问题的过程中对其中某些信仰加以修改。但是，就这种观点而言，如果得出的结论是反直觉的，那就说明其论点应该重加验证，即便是平平

---

*　"拯救现象"一说来自古希腊的柏拉图学派，又称 save the appearance。

无奇的直觉也不应被弃置不顾。

以上两种观点所形成的反差是清晰且根本的。但是，在我看来，解决这一问题并不在于非此即彼的选择，以排斥其中之一来达成解决之道。更确切地说，我的目标在于就双方各自不同的内容做出公正的评价。

我们用的词是 philosophy，法国人用的是 *philosophie*，德国人用的是 *Philosophie*，意大利人用的是 *filosofia*。有人可能会这样想：学生如果在这些名目下的院系入学，他们所受的教育则是基于大体相同的课程。然而，事实上，在不同的欧洲国家，课程的重点甚至内容极为不同，甚至在同一国家也存在此种情况。有时，其课程重点是所谓的分析哲学（analytical philosophy），有时则是广义的形而上学，即德国唯心主义者所谓的形而上学。哲学史或许被认为是基本课程，或者它可能被极大地忽视了。当我还是一个学生时，在剑桥大学所谓的道德科学荣誉学位考试（Moral Sciences Tripos）中，哲学史并没有被认为是正规的哲学——但是，所谓的欧陆哲学、现象学、存在主义，甚至是黑格尔和尼采，在当时也很少会被认定是重要的。教这门课的教授本人对"道德科学"（Moral Sciences）这一标签所反映出的实证主义哲学色彩不负有责任。但是，随着维特根斯坦的出现以及 A. J. 艾耶尔（A. J. Ayer）的影响，教学的目标便是说明绝大多数传统哲学问题都基于困惑之上。

近年以来，欧洲及北美的"哲学"研究者产生了某种趋同的倾向。如今哲学史在剑桥大学相当受重视，尽管它的目标和方法论依然未能确定。一种观点认为，将那些仙逝已久的哲学家与当代的学术讨论联系起来，他们的思想就会不可避免地遭到曲解，但另一种观点认为，以他们自己的原意重建那些思想，既不可能又无必要。不过，如今人们将越来越多的注意力投向了法国和德国的哲学传统，即便非西方的哲学传统也几乎没有被包括进被讲授的哲学课程之中。与之相反的情况是，英语世界的哲学传统中所谓的分析哲学已经被许多法国、德国、意大利的哲学家接受，并且取得了引人瞩目的成绩。

然而，有关哲学的本质是什么，哲学的首要目标、内容和方法应该是什么的讨论仍在继续。在最近几十年里，实证主义甚至任何关于客观性的声明面临越来越多的挑战，争论事实上变得更为激烈了；在解构主义、后现代主义、女性主义等多种思潮还有科学知识的"强纲领"（strong programme）*的影响之下，争论进一步升级。从哲学光谱的一端来看，它从本质上而言是一个二级学科，其中，如科学哲学这样的分支学科会研究科学的本质、题材及其知识主张的基础；同样，稍做变通（*mutatis mutandis*），诸如法律哲学、宗教哲学、数学哲学、历史哲学等分支学科也是这样的情况。而在哲学光谱的另一端，哲学旨在指明存在（Being）之真理。当我们虑及伦理学和政治哲学时，关于哲学家的任务所在便会出现两个对照鲜明的观点，一种观点认为，哲学家最多是抽象化地阐明问题，而另一种观点则更进一步指出，哲学家的目标应该是为有关如何举止得体、如何美好幸福地生活、社会应该如何被有效组织起来等问题的规范化建议提供理性的基础。当某些学生在道德和政府管理等问题上得到了积极引导时，他们往往以一系列分析工具自我武装，并且自行寻求问题的解决之道。就此而言，若哲学试图提供规

---

* "强纲领"这个名词来自"科学知识社会学"（Sociology of Scientific Knowledge，简作SSK）。

范化的建议乃至提供可供仿效的模范，那将是令人难以接受的烦扰之举。

诚然，欧洲哲学和美国哲学的分歧体现了某种国家传统，以及群体和个人所带来的特殊影响，例如，来自英国的经验主义者，或笛卡尔、康德、克罗齐，又或是来自更为晚近的海德格尔、伽达默尔、福柯、德里达、罗蒂的影响。但是，大多数在欧洲哲学传统内执业的哲学家都承认，他们从哲学的希腊源头那里有所受益，以至于追溯这项遗产如何派上用场的不同看法，就是梳理西方哲学思想发展的几条重要线索——伯纳德·威廉姆斯（Bernard Williams）很好地阐释了这个主题（1981）。毕竟，在"古人"与"今人"之间的全部争论中，后者总是利用前者以掩人耳目，即使当他们的论点需要摆脱过去的影响时也不例外。然而，若要假定哲学本质上所具有的观点分歧在古代希腊-罗马不如在20世纪那么突出，那将会是一种错觉。诚然，在希腊化时代，人们对于哲学有着基本的一致意见，即哲学应将自由从焦虑、宁静（*ataraxia*）中分离出来，由此，也将它从幸福中分离出来。用我们的话来说，哲学在当时绝不仅仅是个学术科目：哲学家所宣称的是，他们所教授的与人们的福祉（well-being）直接相关。

然而，在实践问题上，人们的看法存在根本分歧。斯多葛派和伊壁鸠鲁派都认为，对于"至善"（*summum bonum*，对斯多葛派意味着美德［virtue］，而对伊壁鸠鲁派则意味着愉悦［pleasure］）的问题，有一个正确的回答至关重要。这两个学派都认为，若要获得内心的宁静（peace of mind），必须同时具备对"物理学"——有关自然现象——以及逻辑学与认识论的正确理解。然而，怀疑论者（Sceptics）认为，对世间万物所隐含的事实和潜在的原因所做的猜测都是徒劳无功的。他们所采用的均势原则（principle of equipollence）指出，针对与这类问题的一个方面有关的积极看法，人们可以提出与之相匹敌的、与另一方面有关的消极看法。对怀疑论者而言，内心的平静并非源于解决问题，而是源于意识到没有任何可行的解决之道。值得注意的是，有些哲学家坚持称，如果你想要获得快乐，就必须消除内心的疑惑；而与他们同时代的另一些哲学家则会说，如果你想要获得快乐，你必须要意识到这样一种消除疑惑的行为本身是不可能实现的。

当然，那些希腊化时代的希腊、罗马哲学家有其需要时时回顾的先贤们，尽管他们在应如何解读这些先贤的问题上争讼不已，正如他们在其他任何问题上争讼不已一样。尤其是针对苏格拉底代表了怎样的哲学思想的问题，可谓言人人殊，即便不同的思想流派都将他奉为偶像。与后世不同的是，在"哲学"这个词刚刚出现的时候，还完全没有就"哲学"是什么达成一致意见（参见 Frede，2004）。当然，自柏拉图以后，哲学开始具有明确的含义。苏格拉底并不聪慧（sophos），但他是爱智慧之人（philosophos），重要的是，他为追寻真理树立了一个光辉榜样。然而，在柏拉图之前的两位作者那里，鲜有以认可态度使用 philosophos 和 philosophia 的情况。在论及那些自我声称所知颇多且"博学"（polymaths）的人时，赫拉克利特批判性地使用了 philosophos 一词，按照他的观点，正确的方法在于研究自己（search oneself）。再如，在公元前 5 世纪末或公元前 4 世纪初，医学专著《论古代医学》（On Ancient Medicine）的作者将"哲学"与无用的思索联系在一起。* 换

---

* 《论古代医学》的作者为希波克拉底（Hippocrates，约公元前 460—前 370 年），是古希腊伯里克利时代的医师，被后世尊称为"西方医学之父"。

言之,柏拉图需要努力为"哲学"[1]争取一个积极的角色,在他所处的时代,这意味着他必须在以下两者之间划出界线:其一,苏格拉底追寻真理的虔诚愿望;其二,在他的论辩之下被指为肤浅且沾有铜臭、与"智者派"(sophists)相关的学问。

虽然柏拉图有能力转变某些先贤们业已附着于"爱智者"(lover of wisdom)身上的消极意味,但他离彻底的成功还差得很远,即并没有成功地在哲学包括些什么、哲学应当如何被付诸实践等问题上提出自己的积极观点。在他的同时代人当中,伊索克拉底(Isocrates)也在讲授及鼓吹着同样被他称为"哲学"的内容,但那主要是讲授演说技巧——修辞学——以及政治才能。追随柏拉图长达20年的学生亚里士多德抛弃了柏拉图基本的形而上学学说,即理型论(theory of Forms)。对柏拉图而言,逻辑论证(dialectic)的终极目标在于至高无上的"完美理型"(Form),即善(Good)之相,但亚里士多德批判这一观点既让人困惑又无价值。当然,对于亚里士多德而言,哲学思维同样是人类活动的最高模式,但是他对哲学主要包括些什么(研究作为存在的存在[being qua being])的理论分析以及他的研究实践都显得颇具特色。尤其是相比柏拉图已经做过的工作,他更强调对自然、第二哲学(second philosophy)——或称"物理学"——的研究。但是,当亚里士多德派的学者们强调研究这个世界的价值和重要性时,对其他希腊人如晚期新柏拉图主义者而言,哲学的益处在于训练你如何

---

[1] 一些晚近的史料表明,毕达哥拉斯(Pythagoras)提出了这个术语,并赞同使用这个词,但基于我们所掌握的关于毕达哥拉斯学派的大部分证据,甚难对这一哲学传统做出评估。然而,在柏拉图提及毕达哥拉斯的那一次,他说毕达哥拉斯教授了一种生活方式(*Republic*,600a—b)。

去陶冶自身（Hadot，1990；参见 Hadot，2002）。

希腊人对哲学的每一个主要领域即逻辑学、本体论、认识论、精神哲学、美学、伦理学和政治哲学都做出了重要贡献，它们对于现代西方学科而言依然具有根本性的作用，但就每一个领域而言，对于实质性问题（substantive questions）的答案都各有不同。在此，仅举几个最突出的例子，在心灵哲学中，柏拉图认为身体和灵魂是存在的两种不同形式，前者是有形的，后者则是无形的。然而，与此相悖，亚里士多德坚称灵魂是活着的身体的活动，而不是栖身于身体内的另一种实体（entity）。在认识论中，巴门尼德创立了一个观点，即理性是真理的标准，感官知觉（sense-perception）从根本上就是骗人的。然而，与此相对，替知觉（perception）辩护的经验主义认识论同样被人提了出来，不仅亚里士多德有这样的看法，两大主要的古希腊哲学学派——斯多葛派和伊壁鸠鲁派——亦持此说。但是，一般而言希腊人认同这一观点，即哲学对生活来说十分重要，对幸福来说亦至为紧要，而不仅仅是抽象的知识性学科。这一点与大多数现代学院派哲学家们的观点不同。

至此，我已讨论过西方的各种哲学传统了。但是，一旦我们试图进行更深入的研究，情况就明显变得更为复杂了。真正的问题在于：一些非西方的哲学传统是否能够被认作"哲学"？这是个能引起激烈争论的问题。这时，花点时间比较详细地分析来自中国的资料将是一件值得做的事情，因为这对我们的研究而言堪称一个测试实例（a test case）。我此前提到过一种观点，即不承认中国存在"哲学"，尽管这种观点承认中国存在

"智慧"。在中国的古典思想中，从战国以迄汉末，[2] 没有一个名词可以与希腊的 *philosophia* 或其在欧洲的衍生观念相对应。在现代汉语中，对应 philosophy 的词是"哲学"，这个词是从日本借来的，当日本人初次遇到与这个主题相关的欧洲思想时，便创造了这个词。

传统的中国思想史中重要的一些教育家和作者以诸多不同称谓被其同时代人所知，尤其如"士""博士"和"游士"[*]。其中最常见的称谓是"士"，其含义经历了多次变迁。[3] 最初它用于指称那些出身名门、拥有土地的贵族，但后来这个词被越来越多地用于指称那些受过良好教育、有修养且精通典籍的人。"博士"这个由两个汉字构成的称谓，字面意思是指那些博学之人，被用于指称"士"这一人群中处于最高阶层的人。通常的英语翻译是 erudite，在许多与统治事务有关的情景下，我们经常听到这个词；博士的身份是统治者的谋臣。第三个词是"游士"，字面意思是"周游的谋士"，这个词恰当地描述了当时那些周游于各个朝廷"游说"大臣和国王的人。下文我们会回过头来讨论这个问题。

对于这些人所掌握的知识，一个通常使用的名词是"学"，类似于英文的 study，这个词的词义涵盖很广，可以说与拉丁文的 *scientia* 或希腊语的 *episteme* 意思相近。按照惯例，早在战国时期，许多不同的思想流派已经被区分为儒家（常译为"Confu-

---

2 通常认为，战国时期指公元前 480 年或公元前 475 年至公元前 221 年。随后，秦朝统一中国，这个朝代仅仅延续至公元前 206 年，但是秦朝的后继者汉朝的统治一直断断续续地延续至 221 年。

* 原文作 *youshui*，根据上下文，译者认为此处应为"游士"，作者此处可能存在误读。下文亦同。

3 参见劳埃德和西维（Lloyd and Sivin, 2002: 17ff.）。

cians"）、墨家、法家、名家、道家以及阴阳家，但是，我们必须对此种划分保持高度警惕。在司马迁及其父司马谈*作于约公元前90年的中国第一部伟大的通史——《史记》——的最后一篇里，即出现了这种六家的划分方式。4 这一划分方式很明显来自司马谈，在这一点上明确反映出他的特殊观点，即他是以各学派的观点或理念作为划分标准，而不是以学派中的某些个人作为标准——或许"墨家"（得名于墨子）是个例外。尽管我曾提及，我们传统上以 Confucians 来翻译这六个学派中的第一个学派——"儒家"，但这个词更一般地是用于指称有文化的精英人士。在不同的儒家流派（甚至是一些声称忠于孔夫子学说的儒者）所提出的种种观点之中，我们能发现广泛存在的差异。其中的一个显例是荀子，那位通常被归类为"儒家"的学者。公元前3世纪，荀子对12位各学派大师大加批判，包括孔子嫡传的徒子徒孙们，其中最负盛名的是孟子（《荀子》，第六篇；参见本书［边码］第13页）。我必须再一次立刻指出，遵循"道"的指引是所有中国思想家们所共有的理想，尽管"道"为何意对他们而言各自不同。故"道家"一词虽有指涉过宽从而变得毫无用处的风险，但事实上并不使人感到困惑（Sivin，1995b）。

这些学派各自成员所从事的事业通常都具备三个共同特征，即重视文本、参与学说论辩以及出谋划策，尤其是为统治者治理国家出谋划策。

首先，每一学派或者说每一"家"5 往往可以通过其推崇的

---

* 司马谈未直接撰写通史，但为《史记》的撰写积累了大量的一手资料。——编者

4 在本书第三章中，我将分析这段文字。

5 对于哲学领域的不同人群或者宗派的指称，最常见的中文词是"家"，而"家"字的主要含义即为"家庭"（family）。

一套经典文本（即"经"）而被界定，这些经典文本常常被认为是由该学派推定的创始人所撰，并且蕴含其教诲。为了被吸纳进某一"家"，新的成员首先必须背熟这些文本：在萌生阐释或者理解这些文本的抱负之前，必须先牢记经典。自此之后，这些成员的责任便是将其传给自己的学生、门徒。我们不知道这种意识在多大程度上是因"焚书"——此事于公元前213年由李斯发起[6]——等臭名昭著的历史事件所产生的不安全感而形成，但显而易见的是，在中国思想的形成期，典籍的保存是重中之重，即便我们现在的认识是基于汉墓出土的文献，但其中不少典籍在秦汉时期即已存在不同的文本形式或版本。不过，在国家统一之后，汉武帝约于公元前124年设立太学，初授儒家经典《诗》《书》《礼》《易》《春秋》（参见 Nylan, 2001），这在当时是主要课程。尽管这五种经典文本并未构成一个单独的知识学科，但是，当时正日益复杂（在有效性上却是断断续续的）的中国官僚体系所倚靠的官员骨干即为太学所培养的人才，这些知识精英所接受的核心教育基于这五种经典文本。

其次，我们所掌握的史料清楚地记载，思想的论争和分歧在不同学派之间乃至同一学派内部广泛存在。正如我提到的那样，荀子批判了许多其他大师，其中包括其他颇负盛名的儒学之士。我们发现，墨子的追随者们互相批判，试图利用他的学说来为自己的相关理解提供支持——这一点与古希腊发生在苏格拉底和柏拉图身上的事很像。孔子及其学生的对话体现了面

6　李斯是统一中国且成为第一位皇帝的秦始皇的丞相。有关他的反智行为的诸多故事，无疑在继秦而兴的汉王朝的反秦宣传中被夸大了。

对面的思想交流，这在庄子留下的文本中也可以看到，[7]论战则更多地以文字书写的方式而不是口头对话的形式被记录，其论辩的对象更多的是已经不在人世的大师，而非健在的、可以奋起反击的大师。尽管名家的成员，如惠施和公孙龙，常常被用来与希腊的智者派相比较，但这具有误导性（相反观点，参见Reding，1985）。尽管他们常常被其他中国作者斥责为专事贩卖奇谈怪论（paradox-mongering）之人[*]，但是，他们绝对没有像智者派那样向公众发布演说，使得人人可以前来听讲并为他们的教诲支付报酬。

　　我提及的第三个特征使我们关注教育和指导。那些主要人物之间看似利害攸关的论辩仅仅是为个人该如何自处提供了一种解答，而并非是针对抽象问题的解决之道。"道"并不意味着知晓那些理论问题的答案，而是意味着去知晓正确行为的缘由，事实上，不仅需要知晓，还需要践行。相应地，许多注意力被置于礼仪的正确遵守、不同场合下的恰当举止（如何向你的君王致敬，如何处理你与上级、下级、宾客、家人之间的关系等）等问题上，甚至是你的衣着问题，这一点孔子尤为强调。荀子抨击12位大师（《荀子》，第六篇；Knoblock，1988—1994：i. 288f.），他甚至提到了这些大师的弟子们穿着不当——他们的冠戴得太低以至于遮盖了额头，他们的冠缨系得松松垮垮，等等，这些在荀子看来，都是他们不可信赖的体现。

　　对于许多经典文本而言，其通常目标在于为如何获得隐秘的

---

[7] 以庄子的名义纂辑的经典文献事实上是在公元前4世纪至前2世纪断断续续编成的。他与友人惠施的对话实际上远非历史记载，而更多地是一种文学想象、哲学想象的结果。

[*] 在《荀子·非十二子》一篇中，对于名家代表人物惠施、邓析二人的评论中有"好治怪说，玩琦辞"之说，故此处翻译采"怪说""琦辞"之说，将paradox一词译为"奇谈怪论"，而未直译。

"道"提供建议。不过,更为特别的是,许多来自不同学派的执笔们还专注于为统治者治理国家出谋划策。对此需要略加评注。首先,其兴趣根本不在政治体制上。恰恰相反,他们都同意,理想范型在于一位贤明皇帝(换句话说也就是君主国)的仁政,当然,君主统治并不意味着独裁政治。许多经典文本都十分强调,统治者不仅要关注其臣子们的所思所想,更要关注人民的所思所想。然而,在当时关于怎样才算善政的讨论中,我们没有发现有人提出替代性的政治体制:显然这完全没有被提上议程。

各学派的理想都是确保"天下"长治久安。但问题在于,如何才能获得这种长治久安?有些人强调将社会生活的方方面面置于严密的控制之下,包括颁布满是严厉惩罚方式的法律条文,以用于对付各种异见人士。但也有人认为,统治者的介入应当越少越好。"无为"学说认为,最好的统治方式就是统治者什么都不做。统治者需要做的就是树立一个沉着冷静且智慧的榜样,并将治理之事交给他的臣子们。

在许多情况下,这样或那样的善政建言来自与君王颇为亲近之人,偶尔来自官居要职之人。孔子并没有成功地找到一位值得他建言的君王,但这并不意味着他不想找到一位明君并为其出谋划策。他主要的对立学派墨家则努力使自己成为防御战的专家,以在君王处谋得一官半职,进而为军事事务及其他各种事务建言献策。孟子和荀子都曾在多位君王面前慷慨陈词。公元前4世纪,惠施曾担任魏国大臣并为魏王编纂了一部法律,在下一个世纪,公孙龙也声称自己关心秩序和善政等问题,尽管批评意见纷纷指责他是在奇谈怪论里浪费时间。作为所谓"法家"最为杰出的思想家,韩非出身贵族,同样扮演过君王之谋士的角色。

在统一大业的过程中及完成之后,各学派试图为君王献计献策的模式依然在维持。约在公元前240年，在吕不韦的支持之下，中国历史上第一部规模宏大的杂家巨著《吕氏春秋》编撰成书。尽管他最初只是一位商人（我们能在《史记》一书对他颇怀敌意的传记记载中获知这一点），但他最终成了秦国的丞相。大约一个世纪之后，杂家第二部巨著《淮南子》由淮南王刘安及其门客编写而成。当然，并非所有志存高远的谋士都能成功地获得拥有权力和影响力的官职。1世纪，王充辞去了他唯一的官职——治中，开始撰写他的著作《论衡》，此时他就近乎一位隐居的私人教师。

这样看来，许多谋士未能真正获得适当的官职，并去影响那些真正权柄在握的人，而另一些谋士则做到了这一点。尽管成功后的所得颇丰，但是获得成功的风险难以避免。韩非、吕不韦及刘安最终都是在君王面前失宠之后被逼自杀。在这样的情况下，那种已经牢牢确立的中国谋士的行事传统就显得更加非同寻常，当谋士看到统治者的所作所为对施行善政不利时，他们便会勇于承担起训诫统治者的责任。正如我在其他地方曾论及的那样（Lloyd，2005a），当谋士批评统治者之时，他们的措词异常丰富，或责难统治者，或反对他们的行为方式，或警告他们所施行的政策将以悲剧收场。这一切听起来可能都是理想化的，并且当我们听到谋士提及所谓的"天下"福祉之时，我们当然不应认为那意味着众生平等。但是，这些谋士绝不仅仅是些悠游林下、不问世事的理想主义者（armchair idealists），也绝不仅仅是从某座安全无虞的象牙塔里对当时的不平现象指手画脚之人，其苦难命运已经清晰地昭示了这一点。他们中的许多人准备好了继续承担训诫统治者的职责，即便要为此付出巨大代价，即便这种行为实际上也会祸及家人。因为，一旦你失宠，这不仅是你一个人的事，也将是你整个宗族的事，他们可能会被惩处，要么被流放，要么被处以宫刑,或被杀。

但是,我们现在必须要问:这对于我们理解中国的"哲学",事实上,对于我们理解"'哲学'是什么"又有何帮助?今天大多数大学所涵盖的某些领域只微弱地表现了中国古典思想(也就是在开始受佛教影响之前)的遗存。很少有涉及存在本质(nature of being)即有关本体论之类问题的争论。尽管中国哲学也会讨论诸如耳闻的证据和眼见的描述哪个更加可靠的问题,⁸ 但这绝不意味着,在理性与感官认知(或经验)之间,人们必须做出自己的判断。由此,中国哲学也不会对从巴门尼德开始便困扰西方哲学的认识论危机加以关注。*与许多希腊化时代的希腊哲学家以及一些现代思想家不同,中国人通常不认为快乐和福祉需要建立在对物理学的正确理解和对逻辑学的掌握之上。当涉及"物理学"的时候,像《吕氏春秋》和《淮南子》中的文字便展现出诸如其对于变化的过程(processes of change)以及事物之间的共鸣(resonances between things)的兴趣,这两种著作以及其他许多著作所呈现的宇宙是一个整体,而一个政治国家和一个人的身体都展现着阴阳交替的一些基本模式。但是,没有一种著作将"物理学"这一主体剥离开来作为一个独立的领域,然后以它特有的方法去研究它,也没有一种著作将物理学与"数学"分割开来,通过对物理学与数学所提出的一种主张——它创造了关于一切纯粹的、可理解事物的知识——进行对比,使物理学降格至数学之下。⁹

---

8 这类讨论在我们有关墨家思想的有限证据中有所记载,参见格雷厄姆(Graham,1978:30ff.)。

* 参见上文关于巴门尼德的描述,见本书(边码)第 10 页。

9 我会在第二章中进一步探讨这个问题。

当涉及"逻辑学"时，古典时期中国人的兴趣的本质便显露无遗。正如我所指出的，那些探索悖论的人被其他人批判是在浪费时间，而那些批评者无疑体现了一种通常的观点，也体现了一种占有支配地位的传统。另一方面，我们在像《韩非子》这样的著作中看到，书中对说服别人的技巧怀有一种浓厚兴趣。《说难》篇（第12篇）即展现了一位中国谋士在现实中经常会遇到的问题，即如何让统治者赞同你所献的计策，而同时又不让他意识到他正在被你蓄意地引导。这种形式的交流反映了《韩非子》对于心理的理解是十分深入的，在我看来，事实上要比我们所能找到的任何关于修辞学的希腊著作都显得更加深入。但是，反过来，亚里士多德关于修辞论证（rhetorical arguments）的形式分析，以及他所指出的修辞论证与辩证论证（dialectical）、说明论证（demonstrative）的不同之处，无法在中国文本中找到与之相对应的内容。[10]

然而，在这样一些预设被提出来之后，我们必须重新回到核心问题。每当虑及人应该如何自我表现、人的本性如何以及善政如何实现等问题时，许多中国人都不断地展现出一种强烈且专注的兴趣，并且积极投身于就各种可供选择的观点展开的复杂论辩之中。[11] 更进一步说，就两大领域——我们可为其冠名"伦

---

10 颇具典型的是，亚里士多德不仅想要区分修辞推理和说明推理（demonstrative reasoning）的目标，还想要区分它们各自所凭依的论证框架（argument schemata）。

11 在公元前4世纪和前3世纪，孟子、告子和荀子之间就人的本性展开了论战，即人的本性究竟是善的（孟子持此说），还是恶的（此即荀子的立场，见《荀子》，第23篇），抑或是非善非恶的（此为告子的观点，至少曾经由孟子传达出来，见《孟子·告子上》）。这个论题对于传授具有重要影响，如荀子便坚持认为，师者和确立起来的标准需要引导人们向善，参见格雷厄姆（Graham, 1989：117ff., 244ff.）。

理学""政治哲学"——中的问题而言,相比大多数古典希腊哲学家,中国人通常对此展现出更大的个人兴趣,即便是进入罗马统治时期,西方的情形已发生变化也是如此。我们发现,在那时,哲学家更多的是不仅在"伦理学""政治哲学"领域耕耘,还尝试着为统治者建言(塞涅卡),或是思考自己的统治术(马可·奥勒留)。[12] 可以肯定的是,相比近代西方大学中绝大多数执掌哲学教席的人,一般而言,中国作家参与、介入国家和大众所关心的事务要更为积极,也更具风险性。

当然,分析中国思想家所获得的成就比解决一个术语问题,即此种成就是否该算为"哲学"更重要。在前面提到的问题上,我所做的不过是让人们注意到某些突出的观点。但仅此便可引出下一个问题,即我在本章中所关注的主要问题。中国人认为自己在哲学领域亦有一席之地,如果我们排除此种看法,便难逃严苛之嫌。可以肯定的是,我们必须认识到,得出这个结论(也就是主要与他们对道德问题的探索有关的结论)自有某些特殊缘由,不惟如此,我们还应将我在本章起始部分所说的话铭记于心,也就是:哪怕在今天,人们对于哲学的真确目标及其核心内容仍未达成普遍一致的意见。

在我们所关注的问题上,存在大量相关证据的第三个伟大文明是印度,在它身上,我们复又看见诸多不同的"学派",它

---

12 在这里,我们不便讨论后世欧洲哲学家对政治事务的参与程度。不过,我可以指出,在16、17世纪,参与政治的哲学家很多,比如霍布斯、洛克、伏尔泰、卢梭等,他们当中的某些人因为自己宣之于口的观点而与当局发生冲突。相比之下,与19世纪大学扩张相伴的趋势是:以哲学为理论性学术门类的见解得到了确认。自称为哲学家的人并非都认为积极参与政治是自己的一部分工作,尽管毫无疑问,但我们还是能发现明显的例外(至少,马克思本人即是如此)。

们在漫漫历史长河中陷于彼此争论的泥潭。佛教、印度-婆罗门教以及它们属下不同分支或教派之间持续不断的斗争尤其证明了这一点。不过，在许多情况下，要还原这些宗教最早的发展阶段可谓问题重重，因为许多重要经典的成书年代难以确定，比如《吠陀》、《梵书》、《奥义书》、佛经。

这些经书讨论的问题包括本体论、形而上学、心灵哲学、伦理学，其范围与希腊哲学所涵盖的范围有某些明显的相似之处。而在三个领域（即原子论、逻辑分析以及论辩习俗），它们的相似之处甚至暗示：两大文明之间有思想传播或者互动的可能性。首先，让我对这个问题进行讨论。然后，我们再对印度哲学研究具有原创性的重要方面进行考察。

在佛教徒（说一切有部）、耆那教徒、由传奇人物乔达摩和羯那陀分别创立的两个婆罗门教派（正理派、胜论派）中间，出现了不同形式的原子论。不过，考虑到一个难处，也就是有关印度原子论的可靠材料无一明确指出其成书是在公元前3世纪之前，故此，明智的做法是在此处做出一个开放式的判断：印度原子论可能是从希腊人那里借来的。

在原子论领域，正理派的逻辑同样出现在亚里士多德学派的理论之后，更遑论斯多葛学派的理论了。一般而言，《正理经》最早可追溯到公元前200年左右。不过就这部经书而言，正理派相继对前提、结论的分析极为引人注目，[13]以至于其更有可能是一个独立发展的成果，而未受到更早的希腊形式逻辑的影响。

接下来便是论辩习俗。在这个问题上，我们有确切的早期证据显示：佛教徒对希腊人的活动有所了解，事见公元前2

13　参见马提拉（Matilal, 1971, 1985）。有关遭到错误命名的正理派三段论与亚里士多德三段论之间的异同，我曾做过简要分析，参见劳埃德（Lloyd, 2004：128—129）。

世纪晚期（或公元前 1 世纪早期）名为《那先比丘经》（*Milindapañha*，即《弥兰陀王问经》[*Questions of Milinda*]）的巴利文献。[14] 在经中，先是一位希腊智者在论辩中击败了许多印度智者，直到遇见最后一位对手——那先比丘，他才铩羽而归。弥兰陀是希腊人名"米南德"（Menander）的印译形式，他是亚历山大在公元前 4 世纪创立的大夏王国的统治者。布朗克霍斯特（Bronkhorst）尤其指出，就印度理性论辩传统的发展而言，印度人对希腊模式的了解或许具有关键意义。[15]

不过，有一件事情很重要，我们要注意布氏对其观点是有限制的。《那先比丘经》中所记载的那场论辩的实际内容与希腊思想无关。事实上，布氏所提出的可能发生的"借取"之事局限在从事理性、批判性探索的可能性上。在早得多的《奥义书》中，也记载了圣贤之间的争论，不过在布氏看来，这些争论缺乏一个与哲学相联系的要素，即创造系统理论的勃勃雄心。

虽然如此，在印度式论辩与希腊式论辩之间，更重要的区别（在影响力传播的问题上——这是我们要关注的）或许在于解决争议的方式。在《奥义书》《那先比丘经》中，谁是胜者的问题是由论辩参与者自己决定的，得胜的依据是他们的专门（通常是奥秘难解的）知识。最后定乾坤的圣贤便是胜者。[16] 争

14　在佛教劝人改宗之事上，这部经典逐渐被广泛使用。它被译成多国语言，如在 3 世纪被译成汉语，在 13 世纪被译成朝鲜语。

15　"希腊人或许对说一切有部佛教徒（Sarvāstivāda Buddhists）发挥了影响，这个结论并不草率。"（Bronkhorst，1999：22）布朗克霍斯特指出，这个活跃于印度西北部的佛教教派与大夏有断断续续的紧密联系，我们在犍陀罗看到的希腊艺术形式对佛教艺术的影响证明了这一点。

16　《奥义书》中有一个事例对此做了清楚证明。它讲述的是一次争论，在争论中，耶若婆佉（Yājñavalkya）将与他对话的婆罗门教徒驳得哑口无言，他们最后讨论的主题是"自我"的性质，《麻奥义书》（*Bṛhadāraṇ yaka Upaniṣad*）。

论的情形诚然激烈，认输的一方要蒙受羞辱（参见 Bronkhorst, 2002）。与此同时，在印度，论辩的习俗与希腊哲学或医学学派中的相应习俗非常不同。印度的论辩常常在王宫举行，对观众来说，有的时候，它们在予人教诲的同时，又给人以赏心悦目的享受，这样的事情发生过多次。

好了，现在，让我们撇开与可能的希腊影响——无论是直接还是间接的——有关的棘手难题，印度思想家最引人注目的贡献与如时间哲学、语言哲学、自我哲学问题有关。就第一类问题而言，正如塔帕尔（Thapar, 1996）让我们看到的，相比先前以假想的循环时间观为关注焦点的模式化观念，印度人的思想要复杂得多。此种循环时间观常与一种直线式的概念结合在一起：在某些学派那里，时间与变化的事实相联系；另有一些学派强调瞬间的独特性，竟至于达到了否定时间的程度；相比之下，还有一些学派将时间看作奔流不息的河流。劫（Kalpa）为时43.2亿年，四世（Yugas）在时长上令人咋舌的程度稍逊于它。这些时间概念是由某些学派发展出来的，以一种宇宙的视角呈现在人们面前。此种视角对人类在天地万物格局中所处的无足轻重的地位产生了重要影响，更遑论人们有时还进一步将其与社会的败坏、道德的沦丧联系起来。在这个领域，印度思想所提出的观念远远超出了日常经验可以提示的范围。[17]

就语言来说，波你尼（Pāṇini）在一个理性的体系里写成了一部有关语法规则的综合分析著作，此书充当了其他领域分类工作的典范或理想形式。波你尼常被人们定为公元前2世纪下半叶的人。有人说，在希腊，数学是占据主导地位、最富尊荣的知识学科，相比之下，在印度雄踞此位的是语言学，这要归

---

[17] 当然，印度的时间观念同样与我在第三章中对不同历史观念的考察有关。

功于波你尼的先驱性著作（参见 Bronkhorst，2001）。

不过，佛教、婆罗门教思想都尤其精擅对自我的思考——总体而言，这是印度哲学研究中主要引人关注的一方面。在《奥义书》中，自我（ātman）等同于梵（brahman），它是最终、不朽、无始无终的实在，是其他一切事物（包括时、空）存在的根源。对佛教徒来说，他们认为，人在意识上的自我是假我，与之相对照的是通过灵性修为显现出来的真我。在佛教、婆罗门教这两个学派的思想中，我们都能找到进一步的证据，证明它们排斥日常经验这样的外在呈现，而尊崇隐在底下——如果说殊不易达到——的实在，把握实在即人类行为的终极目标。

这样一来，在印度思想的目标与许多希腊人、中国人为自身设定的目标之间，便有某些相异之处突显出来。无论是希腊的"宁静"还是中国的"道"，它们都不意味着对许多印度思想家所追寻的那种"自我"的超越。对这些思想家来说，幸福有赖于一种状态，生活在此种状态中的人使自己摆脱了俗世价值观、经验的错谬，甚至摆脱了思想理解带来的诱惑。以这种形式存在的"自我"达至一种超凡脱俗之境，它比人们在希腊、中国思想中发现的各种相应理念都要超绝。

对于这样的特殊看法、思考模式在印度生根发芽的方式，可以设想出来的缘由所引发的重大历史问题着实超出了本人的解决能力。我的研究仅仅是根据复杂的印度材料确认某些引人关注的特征。虽然如此，这足够使我们获得以下认识，即印度思想家不仅讨论了同样的、在我们看来从属于不同哲学领域的问题，而且还在为这些主题领域提出的实质问题作出可能的解答方面扩大了我们的认知。

接下来，我将以更简洁的篇幅探讨下一个也是最后一个古代社会或社会群,也就是秉持伊斯兰教信仰的社会。在这方面,希腊思想的影响是无可争辩、展露无遗的。与此同时,阿拉伯人通过两种重要方式改变了希腊思想的遗存。第一,通过延续希腊人在每个重要哲学领域的探索,他们常常取得了超越前人的成就。第二,作为一个整体的哲学——他们所谓"哲学家"(*falāsifa*)的成就——必须被置于伊斯兰教信仰的背景之下,就好比在希腊-罗马古典时期晚期,异教哲学在某种程度上必须向基督教看齐,推行此事的是那些不单把异教哲学斥为无关紧要或者更糟糕(绝对具有分散人心的作用)的人。众所周知,许多异教的希腊观念事实上被融入基督教神学,就此而言,为此耗费巨大心力的先是奥古斯丁(还有其他人),而后是晚出很多的阿奎那。

由此,首先,就希腊的影响而言,亚里士多德、欧几里得、盖伦以及其他人著作的翻译史被完好地记录下来,它们通常先被译为叙利亚文,再转为阿拉伯文。9 世纪,金迪(Al-Kindī)是最早一批充分使用亚里士多德著作的人之一。往后的 300 年里,在富有原创性并常常呈现出智慧之光的著作中,一位接一位的重要穆斯林思想家如法拉比(al-Fārābī)、伊本·西那(Ibn Sīnā,即阿维森纳[Avicenna])、伊本·路世德(Ibn Rushd,即阿威罗伊[Averroes])将亚里士多德作为自己的出发点,这些著作论及逻辑学、心灵哲学、宇宙学以及形而上学。伊本·路世德说,亚里士多德是"大自然设计出来用以证明臻于极境之人类完美的实例"(*Commentary on De Anima* III),他宣称亚里士多德不仅发现了三大知识主流,而且将它们研究到了极致,这三大知识主流便是逻辑学、自然科学和形而上学(*Preface to physics*)。当然,亚里士多德和其他希腊人被接受的过程并不总是这样一帆风顺。尤其是在 12 世纪拉齐(al-Rāzī[Rhazes])的著作中,我们看到了对亚里士多德的自然哲学尖刻、敏锐的批评。不过在这个和其他一些案例中，这些反对意见很好地说明了被如此批评的思想的重要性。

在《古兰经》于一切基本问题上占据无上权威的情况下，希腊哲学的运用与伊斯兰教是如何互相融合的？对此，不同看法复又浮出水面。绝大多数人认为，在哲学背离《古兰经》时，哲学便为有误，虽然哲学是否真与《古兰经》相悖或许是个有争议的问题。不过，经常出现的情况是，在圣书不能简单地解答人们所讨论的问题时，哲学可以形成有效的补充。这样一来，哲学便成了宗教的仆役。人们为此著书立说，证明两者能融合起来。有时，人们提出的论点是，两者传达的是两套不同的真理——基督徒后来将此信条理解为双重真理，但有时人们又说它们传达的是同样的真理，只不过表达方式不同。伊本·路世德的《关于宗教法则与哲学间的一致性》（*Faṣl al-Maḳāl*）力主宗教启示与哲学之间的和谐，后者处理宗教问题时亦不例外（Martínez Lorca, 1990a: 73）。另一位12世纪（稍早一些）的安达卢西亚哲学家图发义尔（Ibn Ṭufayl）追随法拉比之后坚持认为，真理只有一个，真理之路却有两条（Gómez Nogales, 1990: 381）。他的一个观点或许令人惊诧，即神秘主义象征性的表达方式对普通人来说更可掌控，相比之下，哲学就是精英的禁脔了。

但是毫无疑问，穆斯林思想家并不总是劝说自己的教友相信上面提到的那种"融合"是可能或正确的。早在11世纪，安萨里（al-Ghazāli）便在自己的著作《哲学家的矛盾》（*Tahāfut al-Falāsifa*，拉丁文是 *Destructio philosophorum*）中，对法拉比、伊本·西那这类思想家——他们希望融合希腊的观念和关注点——发起了尖锐攻击。他们的思想充满了矛盾之处，且在世界永恒这类主题上与《古兰经》的圣训相悖。人们做出种种努力，意图压制作为一个整体的哲学，迫害其从业者，并禁止、焚烧谈论逻辑学、自然科学的著作。这方面最著名的事例有二：其一，阿尔曼左尔（al-Manṣūr Bīllāh[Almanzor]）在10世纪末烧毁了哈甘二世（al-Hakam II）的图书馆；其二，12世纪科尔多瓦阿尔摩哈德（Almohad）王朝第三位哈里发曼苏尔（Abū Yūsuf Yaʿḳub al-Mānsur）颁布了相关命令。那时，伊本·路世德遭受了羞辱并遭放逐，除去他是异教徒的问题，他的此种遭遇有着政治上的原因。需要补充的是，在他死前，他被恕罪，并被召回。虽然这些行动蕴含敌意，但它们并未阻止许多穆斯林延续由希腊人开启的探索事业，其中不仅包括对数学、天文学、医学，还包括对哲学本身的不同分支的探索。事实上，此举取得了成功并让人们大开眼界，虽然两者在哲学不能公开宣称学科"霸主"方面存在重大分歧。

当然，即使在今日，哲学与宗教之间的关系也不是完全一致的，我将在第七章回过头来讨论这个问题。可以肯定的是，有一种观点认为，除了其他方面，宗教哲学亦可对以下两者进行考察：其一，人类对神的看法有何重要性；其二，人们在宗教哲学领域提出的求知目标的性质如何。对那些认为哲学的主要任务在于分类的人来说，宗教哲学可归入二级学科，忠诚于信仰的问题则被放在一边。不过，在某些领域，融合并未成为人们的追求，相反，它成为人们奋力排斥的对象。神是第一因，是宇宙格局的催生者，是智能设计的操作者。在美国，与这些论调有关的问题近来重新浮出水面，成为教育政策中的重大争议点。这是那些宣扬这些观点的人使用的文辞策略，即不要过于公开地援引上帝的观点，以免破坏他们作为世俗者和理性主义者的光环。不过，由于相关争论既牵涉哲学又与科学特别是达尔文主义有关，它加剧了早在古代晚期便与基督教思想如影随形的理性与信仰之间的冲突，此种冲突在伽利略之后仍不时出现。而我在此处所探讨的穆斯林信仰，问题在于哲学的影响范围及其势力范围。

现在，我要转向讨论最后（或许是最棘手的）一组问题。到这里为止，我已论及我们在各大高度文明的社会中所发现的哲学观念和习俗。而在文字缺失的情况下，哲学在多大程度上有存在的可能？首先，让我简要地讨论一个问题：认知科学家宣称，朴素心理学、朴素生物学、朴素物理学呈现了世界初期的初始信仰，以它们为参照，朴素普世哲学之类是否能够存在？发展心理学家提出一个观点：世界各地的儿童都会经历一系列的发展阶段，最终才可以成人眼光看世界。举例来说，儿童开始时并不会掌握因果关系和守恒的原则。等量的水从一只宽杯子倒入一只窄杯子，后者的水位线肯定是比较高的，这时，相关记载告诉我们：儿童往往认为窄杯子的容积更大，哪怕他们亲眼见过注水的过程。在朴素心理学看来，儿童最初的想法是：每种事物都带有或可能带有意向性。

虽然如此，很明显，这类范例无一可用来为哲学普世性的观点提供支持，因为绝大多数认知发展专家都会坚持一个观点：我们当作出发点的朴素物理学必须要"成长"起来。[18] 这样看

---

[18] 不过，并非所有的认知科学家都持这一立场。因为有的人主张，依照外行人的非正规看法，朴素物理学为完全的成人行为提供了充分基础。第一种看法来自皮亚杰的著作（如他在1930年的著作），第二种看法在哈耶斯（Patrick Hayes）的《朴素物理学宣言》（1990年，初版于1979年）中得到了表述，亦可参见史密斯和卡萨蒂（Smith and Casati，1994）。

来，不存在哪一种朴素哲学的信念，使得我们可以由此出发，前进到哲学理解上的成熟阶段——成人阶段。此外，在哲学中，对于此种"哲学理解"的意味、成人共识之类无论如何是不存在的。

我们需要讨论的主题不如这样来表达："哲学"是否或者说在多大程度上依赖成文材料，受各种教学机构（不仅在现代，在古代世界，哲学亦通常以它们为教习场所）的影响？如前所述，某些哲学家自己不著一字。虽然如此，在更多著名的哲学家（比如泰勒斯、苏格拉底）中，没有一人生活在毫无书写文献的社会中，哪怕哲学家并未使用此种方式记录自己的教训。苏格拉底之所以享有盛誉，是因为他持续不断地攻击其公民同胞信仰、态度的根基。在有些社会，言谈技艺是得到人们高度推崇以及明确认可、赞赏之事。将生活在这类社会中的个人的情形与上述社会中个人的情形做比较，这在我看来并不是件夸张的事。

非洲南部的巴罗策（Barotse）就是这样一个没有文字的社会。格卢克曼在20世纪50年代中期和60年代早期对这个社会曾有大量记载。[19] 格卢克曼所关注的人群叫作"罗兹人"（Lozi），从总体上说，他们以自己在言谈上的才能为傲。在这里，人们对能言善辩者的品级进行明确的辨认、评论。当然，评判的标准是逻辑判断、表述得当的能力，以及论点是否在形式上站得住脚，这些是毫无疑问的。而犯了前后不一致、说无关紧要的话、未能将反对意见纳入考虑范围等错误便会招致批评。反过来说，紧扣主题、能够对事务种类进行区分、善于问出探索性的问题便能获得赞赏。这些非正式规则无一通过正式的形式

19　参见格卢克曼（Gluckman，1965，1967，1972）。

表达出来。虽然既有的术语、概念在推理中被用于辨别善恶，但它们不是正规教导的主题，人们在实践、经验中习得这些知识。

问题很清楚了：推理技巧——逻辑方面的技巧——的存在先于且独立于任何作为学科的、与逻辑有关的正规建制，后者属于我们所谓的"哲学"。将这个科目变为这类学科无疑是在不同方面改变了前者，尤其是一旦接受分类、分析，便更容易判断出推理的错误。不过，虽然正规逻辑学在这些和其他方面不同于非正规逻辑学，正确推理的能力却是各种社会中的成员所共有的一种认知技艺，至少在某种程度上是这样，不管这些社会是有文字还是没有文字。事实上，这是所有时代、所有地方的人所共有的一种技艺。

类似的观点，即非正式的哲学技艺是广泛存在的，在多大程度上能适用于我们通常所认同的其他哲学研究领域？显然，最重要的一个候选者[20]便是道德领域，虽然该领域提出的问题之多同样是显而易见的。人们可以提出某种善恶有别、褒贬相分的观念——它们在一定程度上具有无可辩驳性，其用意是建构社会价值观的基础，即便人们理解这些差别的方式在不同社会里存在极大差异。不过，人类在价值观上存在根本分歧，这个事实并不妨碍由此产生的问题在明确讨论中浮出水面的可能性。相反，如果说这样的意见不一致能产生什么，那就是，它或许促使人们在自身或他人信仰的基础上对问题进行反思，尽管这需要一个名叫"苏格拉底"的人不断去做这样的事，而且，

---

20 比如，我们可参见有关"直觉伦理学"的讨论（Haidt and Joseph, 2004）。不过，以苏格兰学童为考察对象的马修（Matthews）发现（1984），8—11 岁的学童还对与其他思想领域、时间、事物构造有关的问题感兴趣。

准确地说，他还抱怨自己的公民同胞懒于考察这类问题。然而，当这些主题开始成为详细考察的对象，人们提出支持或反对不同观点的论据，并质疑如何直抵问题的真相时，这不正是可以看到道德哲学的肇始的时候吗？如果是这样，人们既不用依赖于在这个主题上给人以指导的书面文献，也不用依赖对不同立场的优缺点进行正式分析的学术机构。也就是说，我们在古希腊、中国、印度等文明中发现的复杂的道德理论，是建立在人类早期对共同看法的反思之上的，哪怕这些理论与早期人类信仰完全背离。

亚里士多德指出，如果在道德哲学中，人们遇到一种被普遍接受的观点，那么此种观点便可构成真理。不过，除却一些纯粹的场面话（比如大意为"幸福是目标"的场面话，而"幸福由什么构成"这样的实质问题仍未得以解决），他并未宣称自己找到了任何这样的公认之见。审视显然的、共有的信仰涉及技术分析（如亚里士多德本人所做的工作），然而，它可能是以任何人均能进行的简单思考为出发点。

这并未解决我在开始时所提出的两个问题中的第二个问题，即回答哲学问题是取先验还是经验的路径？哲学以对普遍信仰的明确反思为起点，此种看法并未对哲学的终点做任何说明，因为人们的一种感知——普遍信仰缺乏内聚力——可能（尽管并不必然到这个地步）促使人们以理性、论证而非以感官认知、经验为标准。

另一方面，在我提到的另一个问题上，我所提出的观点可支持更广泛而非更狭隘的哲学解释。因为这些观点表明：上面提到的那类明确反思的出现可能存在于任何地方。摆在我们面前的事实是：对日常信仰的批判性考察以不同的样式，在不同的社会，不同的情况下发展出来。这诚然为每个社会的专门研究提出了待解决的问题,然而,它并不影响"这类审视存在广泛的可能性"这一观点。[21]

这样,"哲学是什么"便不是一个可以给出干脆利落的答案的问题,虽然我们在主要的对立观点中寻求过答案。当然,对于该学科关注的重要问题和方法,各有势力强大的群体支持这样或那样的限制性答案。某些精英群体具有高度的排他性,他们试图在接受谁做哲学家的问题上实行严格标准。这一现象始于古希腊,至今仍然存在,尤其存在于那些认为该学科的范围是以西方语汇界定的人群之间。然而,哪怕仅仅对西方的传统进行一次考察,我们都能发现,有关哲学的构成、如何做哲学的问题,仍存在许多不同看法。

从更广阔的视角来看,我认为哲学与基本的人类认知能力有关,对各个领域(比如道德领域)的问题进行非正式推理的能力应包含于后者。不过,从更狭窄的角度来看,我们不得不提出更为传统的观点:在认识论、伦理学、心灵哲学、形而上学这样的领域中,存在着许多得到明确界定的问题,对它们的技术分析、系统分析构成了哲学,而此种分析唯有专家才能胜任,这些专家要承担这项任务当然需要接受专业培训。从这个角度看,在这门学科的发展过程中,我们在现代社会以及某些古代社会中都有发现的高等教育制度[22]便构成了一个重要的(或

---

21 在对"野蛮心灵的驯化"的考察中,古迪(Goody)提出(1977),就对日常信仰的反思和批判而言,文化对此种能力的发展具有显著作用。不过,他也承认,这样的反思并不是拥有高等文化的社会的专有物。

22 西方连同中国、印度、伊斯兰世界的记载都表明,重要的新见解常常基于对那些被视为思想异端者的学说做出的回应,哪怕此种回应的目的是全盘摧毁其他体系。

许还是必要的）因素。就世界范围而言，此种制度的发展状况并未将一幅单调的画面呈现在我们面前。

不过，如果说新观念普遍需要某种制度基础从而让自己免于陷入流产的命运，那么我们同样要承认，哲学学科的制度化或许具有扼杀而非培育创新的作用。在其他研究中，我们将看到伴随精英成长的有两种危险：其一是由采取限制措施而来的危险，其二是对创新观念（更别说与这门学科有关的其他观念了）采取不宽容态度而来的危险。就哲学而言，如果人们怀揣着产生新知、消除疑惑、切实为生活提供指导的态度开始其探索之旅，那么它便有可能变成一个狭窄的学术门类，甚至是经院式的科目。直至今日，此种倾向仍是一种危险。作为反制举措，某种多元主义似乎是可取的，我将不同观点与对哲学学科的更广泛的理解联系起来，多元主义便对这些看法持开放态度。

第二章　数学

对不同的民族来说，数学是什么，有两种不同类型的路径可以解答这个问题。一方面，我们可以尝试给数学设定一个先验标准，然后检视我们在不同文化中的发现在多大程度上符合这些标准。另一方面，我们也可以采取较为经验的或归纳的路径，通过研究这些不同文化，而后根据我们的研究结果得出答案。

两种路径均面临着难题。我们能在什么样的基础上确定数学的基本特征？从常识上讲，如果我们想诉诸辞典上的定义，那么我们应该依据哪本辞典？给出的答案远不能完全一致，也不敢说清晰彻底的讨论就能让我们在现存的各种数学哲学之间做出毫无争议的裁断，数学是什么，柏拉图主义者、建构主义者、直觉主义者、逻辑主义者或形式主义者会给出迥然不同的回答（这里仅列举一些关于数学研究什么和它产生什么知识这两个基本问题的不同观点）。

第二种路径面临相反的难题，即我们对"数学"是什么必须有先入的概念，才能够开始我们的跨文化研究。其他文化有其他的语汇和概念，它们的解释提出了棘手的问题。面对显而易见的歧见和异质性，在什么情况下，不得不说我们不是在处理一个不同的数学概念，而是在处理一个与数学根本无关的概念？过去提供了大量存有风险的例证，这些例证涉及将某些处于已受认同的学科界线之外的实践和观念合法化。

两个古代文明——希腊和中国，不仅为数学实践提供了大量证据，确切地说也为数学由什么构成提供了大量证据，在对该问题做简略的一般性介绍后，我的讨论将聚焦于这些材料，我的分析将更多地倾重于第二种而非第一种路径。当然，研究古希腊或中国在该领域的贡献——它们的理论和实践，我们必须采用一种暂时的概念，即什么可以被称作数学的，主要是数字和图形怎样被构思和运用。但是，当我们进一步探索它们在这些议题方面的古老观念时，我们期待，随着我们向前进展，我们自己的理解能够被加以修正。我们行将看到，这些问题与我已提及的数学哲学将结合起来：在某种意义上，两种路径相结合不可避免。

在对希腊人和中国人就这些问题曾发表的看法进行详细分析前，需要对某些一般性的人类学背景予以简略考察。像人种志学报告通常所做的那样，外来者需要小心谨慎。人们时常坚称，许多文化根本没有数字概念。这种情况有时是来自数量分类词（numeral classifier）的一种推论，有时是来自缺乏广泛的数字序列的一种推论，但接下来的问题是，在两种情况下，我们各应得出什么样的结论。当表述两个人的词不同于表述两棵树时，这难道就表明"2"的概念缺乏，并因此对其他数词做必要的变通乃至对数量本身做必要的变通？正如我在他处业已指出的，我们本不应该仅从表述数量的词汇的缺乏推导出概念的缺乏。数量分类词的运用在事实上可以被看作一种隐性的数量观念的证据，尽管不是显性的数量观念（诸如来自数算事物的抽象化）的证据。当然，游戏中的数量观念不会是一种连续统（continuum）观念，譬如既包括正整数也包括负整数，而是大量互不关联单位的观念。与此同时，孩子是如何发展出数量概念的？他们是在什么年龄发展出数量概念的？这种发展在不同社会中是否以完全同样的方式发生？这些在发展心理学中是争论极多的问题（譬如，参见 Gelman and Gallistel，1986）。

但数算事物的词汇有限的语言是什么情况？有时候，从这种语言是"原始的"（像其实践一样）假设中，错误地推导出一种极度贫乏的观念框架。在伊什（Ishi，一个土著部落的最后一名成员，这个部落居于加利福尼亚，在淘金热中被美国定居者彻底摧毁）的感人故事中，他的语言曾被认为不能够表达10以上的数字。然而，伊什证明，在他选择这么做时，他能够很好地数到10以上（Kroeber，1961：144f.）。当一种语言据说只能区分1、2和许多时，我们应该清楚，这已意味着在单位数（singleton）和多位数之间有基本的对比，我们应该记住这样的可能性，即在数这样的多位数数字时，这种难题需要特定情况中特定的答案。[1]

然而，另一个例子（该例子中的设定条件基于我们自身的经验）或许误导了不同计数法的比较优势和劣势问题。当然，这些计数法在世界各地广泛不同，包括数字不是书写的而是实体呈现的例子，像秘鲁的结绳文字（quipu），一般用于帮助记忆，同时也用于表达数量。古希腊用字母表的字母代表数字的笨拙之处，很容易被那些在实践中没有机会使用它们的人夸大，没有办法表示"0"（只能用一道缺口表达它）的相对劣势同样

---

[1] 关于说毗拉哈部落数学能力的截然对立的观点，参见戈登（Gordon，2004）、埃弗里特（Everett，2005）、德阿纳（Dehaene，1997）的著作。

如是。

那么,"几何学"又是什么?这个问题同样不太容易得出结论。缺乏用于表达直线、曲线、三角形、正方形、立方体等的词汇,并不意味着对这些二维或三维图形毫无认识。在实践中,那些修建带有一个或多个垂直角房子的人能够很好地理解垂线。自然,那些修建矩形建筑的人能够很好地理解直角,那些修建圆形建筑的人能够很好地理解圆。这当然并不意味着这些几何形建筑本身是研究的主题,但我们必须在显性的概念与它们隐性的实践应用之间做出区分。作为知识学科的几何学有它的发展史,或者有多种发展史,因为正如我们看到的,在不同的古代社会里,它以不同的方式发展而来。然而,对一些几何学概念的切实掌握是广泛的,甚至是普遍的。因此,如果我们必须承认,数学只有在诸多复杂的、有读写能力的社会中才成为显性的研究主题,那么我们也不应低估其他许多社会中能够获得的数学知识。[2]

现在,我们转向希腊和中国这两个有读写能力的古代社会,他们不仅拥有成熟精巧的实践,而且还对我们可以称之为数学的对象进行研究思考。这为我们探讨主要问题提供了一条路径,尽管我们从一开始就应注意到,这两个社会中的任何一个都不存在完全等同于我们今天的"数学"概念。在转向来自古代中国的那些较为陌生的资料之前,我将首先讨论与希腊相关的问题。

---

[2] 参见阿舍(Ascher, 1991)所谓的"种族数学"(ethnomathematics)。如果考虑到蜜蜂构筑六边形是为了使它们修造的蜂房储藏能力最大化,以及某些类属的蜘蛛织成的精致的同心圆网络,那么至少可以认为,构成我们理解数学的某些认知能力并不限于人类。亚里士多德注意到,蜘蛛在开始织网时就已精确地判定了网络中心(*History of Animals*, 623a10)。

第二章 数学

当然，我们的语汇"数学"来自希腊语 *mathēmatikē*，但这个词来自动词 *manthanein*，*manthanein* 含有相当普遍的"要学习"的意思。*mathēma* 可能是知识的任一分支，可能是我们所学的任何东西，正如在希罗多德的著作中（1.207），克洛伊索斯（Croesus）把他从艰苦经历中所学到的东西称为他的 *mathēmata*。因此，严格地说，*mathēmatikos* 指的是一般意义上喜欢学习的人，譬如柏拉图在《蒂迈欧篇》（*Timaeus*，88c）中就是这样使用该词的，书中讨论的重点是需要在心智培养和身体培养之间达成平衡——该原则后来被涵盖在格言"健全的精神寓于健全的身体"（*mens sana in corpore sano*）中。但从公元前5世纪起，某些分支学科逐渐像卓尔不群的 *mathēmata* 一样占据了特权地位，这些词汇大多数看上去足够相似，如 *arithmētikē*、*geōmetrikē*、*harmonikē*、*astronomia* 等，但这具有欺骗性。容我费少许时间，首先解释一下古希腊人的观念与我们时代的观念之间的差异，再来阐释希腊作家自己对各学科的确切主题和方法的一些不同意见。

"算术"（*arithmnētikē*）是对"数字"（*arithmos*）的研究，但通常被界定在我们所称的比1大的正整数的范围内。生活在古代晚期某个时间（可能是3世纪）的丢番图（Diophantus）是一个例外，希腊人通常并没有将数字序列看作一个无限不可分的连续统，而是看作一系列分立的独立存在体。他们将我们所称的"分数"作为整数间的比率来处理。负数不是"数字"（*arithmoi*），不进入考虑之列。单子（monad）也不是数字，人们认为它既不是奇数也不是偶数。在《高尔吉亚篇》（*Gorgias*，451b—c）中，柏拉图在"算术"与"计算"（*logistikē*）之间做出了区分，*logistikē* 衍生自动词 *logizesthai*（计算），*logizesthai* 通常被用于一般情况下的推理。两种研究都聚焦于奇数和偶数，但"计算"处理的是它们形成的多位数，而"算术"则思考它们自身——苏格拉底就是如此主张。这至少是苏格拉底在探讨诡辩家高尔吉亚准备将什么包括在他所谓的修辞艺术里的过程中所表达的观点，尽管在其他语境里，苏格拉底如此区分的这两个词被或多或少地互换使用。与此同时，在柏拉图的《斐莱布篇》（*Philebus*，56d）中，我们可以发现，对比数字学习较抽象的与较实践的方面的不同路径，苏格拉底在该书中将普通人使用它们的方式与哲学家使用它们的方式区别开来。普通人使用不规则的数字单位，譬如两支部队，或两头牛，而哲学家们笔下的数字单位则没有任何不同，换言之就是抽象的数字单位。[3] 因此，在可能人人都拥有的数学概念与更深邃复杂的方法之间出现了一道鸿沟，尽管在这里，这种深邃复杂的、方法高深的数学技能更多地表现为对该主题的哲学式理解，而不是依赖于高深的数学技能。在我们的希腊研究中会发现，在古希腊，正是哲学家们宣称在该领域拥有如数学家们本身一样多的高等知识。

与此同时，对数字的研究比我们所说的算术所涵盖的内容要多得多。像其他一些民族一样，希腊人用字母表示数字，α 代表 1，β 代表 2，γ 代表 3，ι 代表 10，等等。这意味着，任何适当的名称都可能与一个数字相联系。一些人认为，这样的联系纯粹是偶然性的，其他人则认为它们具有深远意义。3 世纪，新毕达哥拉斯派的扬布里柯（Iamblichus）宣称，"数学"是理解整个自然及其所有组成部分的钥匙，他阐明，通过各数字的象征性联系，它们形成神奇的平方及诸如此类的模式，以及更为

---

[3] 参见阿斯珀（Asper，2009），他阐明了希腊实践中的数学与文化精英的数学之间的差异。后者的论证路径基于内茨（Netz，1999）的著作。

广泛接受的东西，如音乐主大调、八度音、五度音程和四度音程的识别，形成2∶2、3∶2、4∶3的比率。这种联系的肇始——无论是象征性的还是其他的，都回溯到前柏拉图时代的毕达哥拉斯学派那里，据亚里士多德所说，他们认为，"所有事物"在某种意义上都"是"或"仿效"数字。然而，这非常含混不清，其一是因为，我们难以确定"所有事物"涵盖什么；其二是因为，它们是数字之说与显然弱得多的它们仿效数字之说这两者之间存在明显的矛盾之处。

"几何学"是什么？希腊词 geōmetria 的字面意义是土地测量法。根据希罗多德著作（2.109）中闻名遐迩的表述，几何学这门学问被认为起源于埃及，确切地说与尼罗河泛滥后的土地测量有关。柏拉图在《法律篇》（Laws，817e）里，借他的代言人——"雅典陌生人"——之口，详述了适用于所有自由民的 mathēmata 的各个分支，在他所作的描述中，仍然把 metrētikē 描绘为"长度、宽度和深度"的测量，尽管如今不仅仅是对土地进行测量。类似地，在《斐莱布篇》（56e）中，我们再次发现用于哲学的严格的几何学与用于木工或建筑的测量艺术分支之间的差异。

柏拉图的这些评论已将实用（作为满足日常生活需求的数学）与一种截然不同的有用模式（培养知识分子）区分开来。色诺芬在古典文献《回忆苏格拉底》（Memorabilia，4.7.2—5）中所记载的出自苏格拉底的一篇演讲清楚地阐述了这种对比。柏拉图记载下的苏格拉底坚信，数学之所以有用，主要是因为它把头脑从可感知的事物转移开来，转向对可理解的实体的学习，在色诺芬的记载中，苏格拉底强调几何学对土地测量的用处，以及几何学为历法和航海而进行的天体研究的用处，驳斥了这些研究更理论化的方面毫无用处的说法。同样，伊索克拉底也区分了数学学习的实践与理论，并在某些情况下对后者做出批判性的评论。

现存的赋予理论以特权的观点最清晰的早期陈述不是来自数学家，而是来自从其不同视角出发评论数学的哲学家。数学是精确的，数学能够证明其结论，这使数学与大多数其他推理模式区别开来。柏拉图不厌其烦地将数学与法庭和会议上使用的说服性观点进行对比，在法庭和会议上，能够促使听众相信的内容，也许是真的，也许不是真的，也许是他们最感兴趣的，也许不是他们最感兴趣的。柏拉图的主张是，哲学对说服不感兴趣，而对真理感兴趣。数学被再三地用作能够产生确定性的推理模式的"典范"：按照柏拉图在《理想国》中提出的观点，数学居于辩证法、代表着哲学最高形式的纯粹心智世界的研究之下。数学研究被视为抽象思维领域的一种基础培训：但它们依赖可感知的图表，并且没有说明自己的种种假设条件，而只是让它们变得清晰。相反，哲学从其假设条件出发，一路挺进到被说成"非假设性的"至高原理。

这种原理（人们将之等同于"善之相"）的确切地位极为模糊，备受争议。把该原理比作数学公理随即陷入麻烦，因为怎么能称公理是"非公理"的呢？但柏拉图明白，辩证法和数学科学研究的都是独立的、可理解的实体。

亚里士多德在哲学观点上与柏拉图存在冲突之处：数学不研究独立既存的现实。相反，它研究的是有形物体的数学属性。但是，在提出清晰的论证范围和把各种不可证明的主要前提加以归类方面，亚里士多德比柏拉图做得更为明确。严格说来，论证是从必须为真实的、主要的、必要的、先于结论和解释结论的前提出发，通过有效的演绎推论（亚里士多德按照他的三段论理论思考它）进行下去。这些前提也必须是不证自明的，以避免循环推理或无限逆推的双重缺陷。任何能够被证明的前提都应该被证明，但必须有自身不证自明的、终极的主要前提。亚里士多德的举例之一是等量公理（equality axiom），即如果你从等量中拿出等量，那么等量依然保持不变，这根本没有任何证据来证明，但其本身是不证自明的。

显然，这种公理-演绎证明模式归功于数学。我刚刚提及的亚里士多德的等量公理论述——等量公理在欧几里得的"五大公理"（common notions）中也有描述，以及亚里士多德在《后分析篇》（*Posterior Analytic*）第一卷里给出的大多数例证都是数学方面的。由于在欧几里得的《几何原本》（问世时间通常被认为在公元前 300 年左右）之前鲜有存留下来的文本，因此很难甚至不可能断定在亚里士多德之前，数学家们在推进明确的不证自明公理观念上取得了多大的进展。5 世纪的普罗克鲁斯（Proclus）声称正在阅读公元前 4 世纪的数学史家欧德莫斯（Eudemus）的著作，并在读书报告中记述说，希俄斯的希波克拉底（Hippocrates of Chios）是撰写《几何原本》的第一人，他还进一步列举了大量其他人物，其中的欧多克索斯（Eudoxus）、西奥多鲁斯（Theodorus）、泰阿泰德（Theaetetus）和阿尔库塔斯（Archytas）补充了大量的定理，并在使这些定理更加系统化方面取得了进展（*Commentary on Euclid Elements I*, 66.7—18）。

这是显而易见的目的论历史，他们似乎事先就有清晰的目标愿景，即欧几里得的《几何原本》注定就像我们今天所见的那个样子。前亚里士多德时代，数学推理两个最重要的进展是希波克拉底的弓形求积法（quadratures of lunes）和阿尔库塔斯决定性的两个比例中项（two mean proportionals，为了解决倍立方问题），后者旨在通过复杂的动态线图求解三种圆形，即圆锥体、圆柱体和圆环面相交的面积。辛普利西乌斯（Simplicius）

在著作里记述了希波克拉底的求积法（*Commentary on Aristotle's Physics*，54.12—69.34），欧托西乌斯（Eutocius）记载了阿尔库塔斯的研究成果（*Commentary on Archimedes On the Sphere and Cylinder II*，vol.ⅲ，84.13—88.2），这两位早期数学家无可挑剔地掌握了我们正在讨论的主题。[4]然而，没有任何文本证实，甚至没有任何文本提出，这些数学家在不同类型的、不证自明的主要前提方面已界定出他们所需的出发点。

当然，欧几里得在《几何原本》里确立的各种原理，与亚里士多德先前在讨论严格的证明时所提出的概念并不完全相同。欧几里得三种类型的出发点既包括定义（如亚里士多德的讨论一样）和五大定理（正如前文所述，它包括亚里士多德所谓的等量公理），也包括公设（postulates，与亚里士多德的"假设"截然不同），尤其包含了平行公设的最后一种出发点。平行公设确立了欧几里得几何学赖以建基的基本假设，即不平行的直线会在某点相交。然而，哲学家们要求的是无可争辩的论据，由此欧几里得的《几何原本》逐渐得到认可，人们相信它长久地为这样的需求提供了最令人印象深刻的例证。利用归谬法（*reductio*）和名不副实的穷举法，系统地证明了大多数当时已知的数学知识。穷举法被用于通过依次刻画更大的正多边形而确定某种曲线区域（如圆形）大小，确切地说，这种方法并没有假定圆形被"穷尽了"，仅假设刻画的直线图形与圆形的圆周面积之间的差异能够被缩减到你想要的那么小。因此，后来进一步努力研究该主题的数学家们可以将《几何原本》得出的结果视为可靠的。对那些力图挤进自我意识与日俱

---

[4] 阿尔库塔斯就数学的不同分支之间的关系，包括对自然研究的重要性，提出了一些思考，尽管他的观点在我们现有资料不同版本的传播中被混杂到了一起。

增的精英行列的人来说，精通《几何原本》逐渐成为一项基本的前提条件。⁵

这种发展首先对数学本身的影响以及对周边领域的影响都是巨大的。在静力学和流体静力学领域、音乐理论领域、天文学领域的研究探索，不断产生公理-演绎式证明，这些证明基本都遵循着欧几里得的模型。我们甚至发现，2 世纪医学作者盖伦试图把数学确立为医学领域的推理模型，以便在病理学和心理学的某些领域得出堪称无可争议的结论（Lloyd, 2006）。类似地，普罗克鲁斯在 5 世纪尝试写过一本《神学原理》(*Elements of Theology*)，也是想要推出能够被说成确信无疑的结论。

这种发展的影响相当可观。然而，我们必须强调三点以便正确地看待之。第一，出于一般目的，公理是非常不必要的，不仅在实际语境中，而且在许多更理论化的语境中，数学家和其他人在进行计算和度量事务时，都从未想到他们的推理是否需要给予终极的公理基础。⁶

第二，希腊在算术和几何学领域的所有著作——更不用说在音乐和声或天文学等其他领域的著作，都采用了欧几里得的模式，这是不符合实情的。三大"传统"问题——化圆为方、倍立方和三等分角——在公元前 5 世纪人们尚未明确关注公理时就已被阐释（Knorr, 1986）。如亚历山大里亚的希罗（Hero

---

5　然而，在数学技艺至少在某些领域逐渐得到相当大的威望的同时，该学科明显的难度也使它在其他方面变得不那么受欢迎。当盖伦经常将数学作为一种方法模型使用时，他也认识到这会让读者却步，即便是对那些受过教育的同时代人中的读者而言亦是如此。

6　科莫（Cuomo, 2001）极好地描述了不同时代的希腊数学家在理论和实际关注方面的变化，亦可参见福勒（Fowler, 1999）。

of Alexandria）这样的数学家的大多数著作，都利用类似于埃及和巴比伦数学家传统的方法，直接关注测量问题，他可能受到了这些传统方法的影响。[7]在他试图提出一种证明模型的过程中，他确实参考了阿基米德，但希罗的论证迥异于阿基米德的论证。[8]譬如在《度量论》（Metrica）一书中，他有时对几何命题给出算术证明，也就是他在阐述中带有具体的数字。同时，在《气体力学》（Pnuematica）里，他允许把展示出来的结果当作证据。在更广泛的范围内，我将讨论在和声和天体研究领域的争论。

第三，《几何原本》提出的公理-演绎证明模型一再出现的问题总是表现在，公理既不证自明又非微不足道。而且，一套公理内部自圆其说是不够的：人们一般假设，它们在正确地表现现实方面也应该是真实的。实际上，它们在数学之外很难做到这点。譬如，盖伦提出"以毒攻毒"（opposites are cures for opposites）原则作为他的不证自明原理之一，但问题是，什么才能算作"对立面"（opposite）。如果不是具体而微的，它就有可争议之处，如果微小琐细，则没有什么价值。即便在数学领

---

7 参阅罗布森（Robson, 2009）、罗西（Rossi, 2009）、伊姆豪森（Imhausen, 2009）。

8 蒂博杰格（Tybjerg, 2004）声称，海伦着手消除欧几里得-阿基米德的证明与实用数学的方法实践之间的界线。而且在两点上，他拉开了自己与"哲学"的距离。在不带返回值（void）问题上，有些人力图通过预设一个与经验测试相对的先验论点解决这个问题，希罗对这些人提出了批评（*Pneumatic*, I 16.16ff）。关于心境平和，即所有学派的希腊哲学家一致的目标，他遗憾地说道，工程学的应用——实际上是更好的武器——比抽象的哲学思辨能够更好地达至这个目标（*Belopoeica*, I 71ff.）。至于阿基米德自己，他有时也背离欧几里得的模型，譬如，尤其在我们所称的组合数学领域。参阅萨伊托（Saito, 2009）、内茨（Netz, forthcoming）。

域本身，正如平行公设例证最清晰地显示的，什么原理可以被说成不证自明是见仁见智的。《几何原本》的几位评论者抗议道，非平行线在某点交汇的假设理应是一个有待证明的定理，应该从公理当中移除出去。普罗克鲁斯对这场争论进行了概述（*Commentary on Euclid's Elements*，Ⅰ 191.21ff.），并提出了自己的尝试性证明，同时记述了由托勒密（365.5ff., 371.10ff.）提出的一种证明路径：这些都被证明是循环的，是一个时常被拿来证实欧几里得敏锐地决定将之作为首位公设的结果。然而，假以时日，正是对平行公设的攻击，导致非欧几里得几何学的出现。

显然，这些潜在的难题使人们对数学或以数学为基础的学科能否准确地传达作家的主张产生了怀疑。尽管如此，回归到基本点，在一些数学家以及圈外人看来，数学优于大多数其他学科，确切地说在于它更擅长产出其他大多数研究领域皆常见的说服性论点。

尤其令人印象深刻的是，古希腊阿基米德，这位最具独创性、最有聪明才智、最多才多艺的数学家坚持严格的证明标准，他一度倾向于将他在此种标题的论著中所发明和阐释的方法视为仅仅是探索性的。[9] 在书中，他描述了他是怎样发现任何抛物线的面积都是内接三角形的 4/3 这个定理的真相的。所用的方法主要基于两个假定：一是平面图形可以被设想为围绕着一个支点彼此对应平衡，二是这样的图形可以被设想为由一系列无限接近的线段组成。这两种假设都有悖于希腊人常见的假设。诚然，将准机械学的概念应用于几何学问题以及反对采用这样的步骤，两者皆有先例，正如柏拉图在《理想国》（527a—b）中

---

9 他把这本著作递送给了埃拉托色尼（Eratosthenes），是因为后者在"哲学"和"数学"两方面的能力，这或许表明，不像某些哲学家那样，阿基米德自己并不认为这两个学科之间存在巨大鸿沟。

说的那样，当数学家谈论方形和诸如此类的图形时，犹如他们处理数学对象那样，他们的语言是荒谬的。

但是，在阿基米德那里，反对该方法的第一个原因是，它牵涉范畴混淆，因为几何物体并非是具有重心的那类物体。而且，阿基米德的第二种假设，即平面图形由其各个不可分割的线段组构而成，显然打破了希腊人的连续统的几何学概念。结果是，他将自己的方法仅归为一种发现，并且明确宣称，其结果必须通过常用的穷举法来加以证明。在此点上，主导着一种古希腊数学传统（尽管只是一种）的最严格的证明标准的考虑，与推动发现事务向前的其他重要目标之间似乎存在着某种程度的张力。

证明准则问题，以及在"数学"的不同组成部分中是否及如何为研究工作提供公理性基础的问题，并非唯二的争论主题。首先容我阐明和声领域的争论范围，而后阐明天体研究领域的争论范围。

"音乐"，或者说 *mousikē*，是一种类属词，用于指缪斯九女神主掌的艺术领域的一个或其他分支。所谓"缪斯的追随者"（*mousikos*），就是受过良好教育、教养普遍良好之人。为了具体说明我们所谓的"音乐"的含义，希腊人通常使用词语 *harmonikē*，指对和声或音阶的研究。像其他科目一样，这种研究显然可借多种路径进行，以作为数学分析与可感知现象之间张力的经典阐释，这方面值得我们做些详细的探讨。历史上曾有从事音乐创作之人，有对演奏出悦耳之音感兴趣的实践型音乐家，他们特殊的地位取决于表演技艺，而非取决于理论知识。但历史上也有许多仅关注理论分析的理论家，尽管他们发展出来的那些理论采用了截然不同的初始假设。以阿里斯托塞诺斯（Aristoxenus）为代表的一种路径坚持认为，度量单位理应是感觉可以辨识的。譬如，一个声调被界定为第五声与第四声的差数，那么在原则上，从这些可感知的区隔中，即提升和降低第五声与第四声的声调，就可以建立起整个音乐理论。

但是，如果说这种路径承认音乐的音阶区隔可以按照线段模型加以诠释，并通过准几何学的方式加以研究，那么另一种对立的分析模式采用的就是更纯粹的算术视角，在这种分析模式里，音调被界定为"速度"位于9∶8比率的声音之间的差数。在欧几里得全集中之著作《单弦理论》（Sectio Canonis）里表达的这种所谓的毕达哥拉斯传统中，音乐关系被理解为数字间的比率，和声理论家的任务变成了推演比率数学中的各种命题。

此外，这些形成极为鲜明对比的分析模式与特定的音乐问题之迥异的答案相关联。八度音阶、第五声、第四声就确切地分别是六种声调、三种半声调和两种半声调？如果声调被等同为9∶8的比率，那么你拿六个这样的音阶区隔并不能得到一个八度音阶。第五声上三个声调，第四声上两个声调，必须用比率256∶243表达出来，而不能用9/8的平方根表达。

这种争论反过来演变成了根本性的认识论分歧。标准会是感知，还是理性，抑或两者兼而有之？一些人认为，数字和理性主导一切。如果我们所听到的看上去与数学通过分析产生的结果有冲突，那么就是我们的听力太糟糕了。我们发现，一些理论家否认八度音阶加上第四声的音阶区隔可能恰恰是一个和声，因为这个有疑问的比率（8∶3）不符合构成主要谐音的数学模式。这些都或具倍超比率（multiplicate ratio）形式，譬如2∶1（表达八度音阶），或具定超比率（superparticular ratio）形式，譬如3∶2和4∶3，两者都符合定超比率的标准,即 n + 1 : n。

这是托勒密于 2 世纪撰写的《谐和论》(*Harmonics*)最杰出的成就之一,书中展示了互悖的标准如何能够结合与调和(参见 Barker,2000,2007)。首先,对被视为谐和之物的分析必须从理性的数学原理出发。声音与比率之间为什么存在必然联系,为什么必定存在特定的比率用来表达和声?应该采用什么假设用数基础服务于这种分析?仅仅挑选一些原理来进行这样的分析是不够的。音乐理论家必须完成的第二项任务是,将这些原理付诸经验检测,以证实基于数学理论得到的结果确实与实践中耳朵所听到的一致或不一致——视情况而定。

天体研究同样充满争议,在其研究主题和方法上存在诸多针锋相对的观点,在其提出的知识性主张方面尤为明显。赫西俄德被认为写过一本著作,题为《天文学》(*Astronomia*),尽管从他的《工作与时日》(*Works and Days*)判断,他对星辰的兴趣很大程度上是因为它们与季节的变迁有关,有助于规约农夫的农时。在《伊壁诺米篇》(*Epinomis*,990a)中(无论它是不是柏拉图的真作),赫西俄德将星辰的起落研究联系在一起,这种研究与对行星、太阳和月亮的研究形成鲜明对比。后者是真正的天文学,像数学的其他分支一样,在被恰当地诠释时,与其说是实际方法的来源,不如说是真正智慧的源泉。

公元前 5 世纪,astronomia 和 astrologia 两者都得到了验证,并被经常互换使用,尽管第一个词语的第二组成部分以 nemo 作为其词根,该词根关乎分布,而在第二个词语中,第二组成部分 logos 关乎叙述。虽然占星学(从起始就是建立在对行星位置的几何学计算基础之上的星象分析)直至公元前 3 世纪才重要起来,但星辰早已与吉利和不吉利的现象联系在一起,譬如在柏拉图的《会饮篇》(*Symposium*, 188b)中。当然，到托勒密时代（2世纪），在预测天体本身的运动（用我们的术语来说就是"天文学"，《天文学大成》[*Syntaxis*]里所谈的主题）与在星象的基础上预测人间事件（我们所说的"占星术"，即在《星占四书》[*Tetrabiblos*]里探讨的话题，明确地将占星术与天文研究的其他分支进行了对比）已有明晰的区分。然而，这两个希腊语汇本身仍继续被互换使用。实际上，在希腊化时代，词语 *mathēmatikos* 经常被用于指称占星学家以及天文学家。然而，前者所需的数学知识范围变化相当之大。现存的一些占星学，从诞生之日起就建立在对太阳和月亮位置的简略分析之上，而其他一些占星学，也就是琼斯（Jones，1999）所谓的高级模式的占星学，则涉及对所有天体及它们之间关系的详细考察。

然而，这两种天体研究仍然存在争议，譬如在西塞罗的《论感悟》(*De Divinatione*)中所概括的关于占星预测有效性的各种观点，但伊壁鸠鲁学派也将天文学本身贬斥为推测性的。此外，也有一些人将理论天文学视为数学最重要、最成功的分支之一，虽然这并不等于他们在如何研究天文学方面意见一致。[10] 我们或可留意一下柏拉图《理想国》(*Republic*, 530a)中颇具启发性的观点，即天文学家应关注经验现象，不应理会天堂里的事物，而是致力于天体本身"快与慢"的研究，在这一点上，柏拉图关注的是天体研究能够促进抽象思想。如果我们想明晰柏拉图自己是怎样看待天体研究的，那么《蒂迈欧篇》无疑是一部可靠的指南。在该篇中，对天体的沉思被再次赋予哲学的重要意义——这样的愿景促成思想哲学

---

10 米勒（Mueller，2004）和鲍恩（Bowen，2007）最近对这个问题进行了讨论，也可参见维特拉克的著作（Vitrac，2005）。

化。但在此处，人们也认识到，由行星、太阳和月亮变化的速度和运行轨迹所提出的每一个不同的问题，都需要各自的解答（*Timaeus*，40b—d）。

在公元前 4 世纪，理论天文学的主要问题被如何界定，在现代学术界引发了争论（Bowen，2001，2002a，2002b）。但首先依然清楚的是，行星"漫游"（正如它们的希腊语名称"漫游者"[wanderer]所揭示的）的问题是一个让柏拉图颇感烦扰的问题。《蒂迈欧篇》（39c—d）将行星的运动说的异乎寻常的复杂，在其最后的著作《法律篇》（822a）中，他继续坚持认为每个天体都以独一无二的环绕运动运转。同心圆模型问题——亚里士多德在《形而上学》第十二卷（*Metaphysics Lambda*）中将其归于欧多克索斯，将其修正形式归于卡利普斯（Callippus）——被用于解释太阳、月亮和行星显见运动的某些反常现象。此后，一些几何学模型构成了希腊天文学理论化的共同基础，尽管偏向于哪一种模型的争论仍在继续（同心圆体逐渐被偏心轮体和周转圆取代）。此外，一些研究在特点上完全是几何学的，对这些模型如何（如果没有的话）应用于物理现象未作任何评论。这种研究方法可见于皮坦纳的奥托吕科斯（Autolycus of Pitane）所著的《论运动体》（*On the Moving Sphere*）和《论起与落》（*On Risings and Settings*）等书。在阿里斯塔库斯（Aristarchus）现存的论著《论太阳和月亮的大小与距离》（*On the Sizes and Distances of the Sun and Moon*）中，他以纯粹几何学的方法分析了这些结果是如何得出的，尽管在该书中他勾勒了著名的日心说，但他没有让自己致力于具体结论，我们没有任何充分理由相信，他没有将其当作一种物理解决办法。

然而，如果我们要问，在大多数其他天文学传统都还满足于用纯数字的办法解答天体运动现象时，希腊杰出的理论家们为什么采用几何学模型去解释天体运动中显见的不规则现象？该问题的答案将我们带回具有解释性、推理性力量的证明理想中，阐述宇宙目的论，表明天体极具运行秩序。

我们可以再次注意到，希腊天文学的历史并不是一个有着一致目标、理想和方法的历史。令人印象深刻的是，哲学家们所坚持的对证据与见解或证明与推测之间的对比的影响是多么大。公元2世纪，托勒密曾两次使用这种对比。他第一次这么做是在《天文学大成》(Syntaxis)中，旨在将"数学""物理"和"神学"进行对比，"数学"在这里显然包括他在这部著作里即将谈论的数学天文学。在将议题有效地转向柏拉图和亚里士多德（他们中的每一位都曾以不同的方式将数学置于辩证法和第一哲学之下）的过程中，托勒密宣称，"物理学"和"神学"两者都是推测性的，首先是因为物理对象的不稳定性，其次是因为主题的模糊性。此外，由于使用了无可争辩的算术和几何学方法——他是这么说的，"数学"能够获得确定性。当然，实际上，在把这样的主题当作行星在维度上的运动来加以处理时，托勒密不得不承认他面临的困难：他的实际运算充满着近似值。然而，这并没有降低他希望致力于理论研究的诉求。44

他在《星占四书》(Tetrabiblos)前几章里也使用了这种对比，前文我已提及，该书对两种类型的预测做出了区分。他说道，那些关于天体运动的物事本身可以论证式地展现出来，但那些关涉人类命运的物事则是推测性的研究。尽管在一些人看来，把某个主题归为"推测性的"会极大地减损其可信性，但托勒密在该书里不这么看，他坚持认为，占星术基于一系列经过了试验和检测的假设条件而建立。像医学和航海一样，它不能够提供确定性，但它能够产生可能的结论。

尽管我们还可以给出其他许多希腊观念和实践的例证，但有关我们的主要问题——在希腊，数学是什么，已有足够的例证说明这一重要而显见的问题，即面对我们在各个时期和各个研究门类中所发现的广泛争议和歧见，对这个问题做出一般性概括是非常困难的。当然，有些研究者按照他们自己的方式，继续进行其特定的研究。但是，该研究不同分支的地位和目标问题，以及进行研究应采用的适当方法的问题，在那些自称数学家的人的圈子内外经常被提出。无论在数学领域还是在哲学领域，正如我已指出的那样，究竟哪一个能够宣称拥有主导性地位、根据是什么，存在大量的争议。但是，即使不对"在希腊人那里'数学'意味着什么"这个我们最初提出的问题给出单一明确的答案，我们至少也可以评述希腊人自己在争论它时的激烈状况。

在某些方面，古代中国的情形与之截然不同，尽管相似之处并不局限于对具有神奇魔力的正方形及类似图形的痴迷。关键一点是，中国著作中两个常见的陈规陋习具有严重的缺陷，其一是他们对实用性的关注阻碍了对理论问题的兴趣，[11] 其二是他们是能干的计算者和算术家，却是很差的几何学家。

诚然，如果说我们业已回顾了希腊著作给我们似曾熟悉的欺骗性感觉，那么中国的观念和实践对西方人来说则显得遥远且陌生的。他们相关知识学科的图谱，无论理论性的或实践性和应用性的，都与希腊的以及我们当今时代的迥然不同。两个描述数字或计算的一般性词语之一——数，包含着"数落""命数"或"天命""艺术"和"深思熟虑"等诸多含义（Ho，

---

11 参阅尚拉和郭（Chemla and Guo，2004）。

1991）。第二个一般性词语"算"，用于指规划、设计、推断以及算计或计算。广泛地研究数学论题的两大论著，在书名里都含有"算"字，我们将适当地对每一本进行更详细的介绍。《周髀算经》是其中之一，通常被译作 Arithmetic Classic of the Zhou Gnomon，第二本论著是《九章算术》(Nine Chapters on Mathematical Procedures)。该书吸纳了一个较早的文本内容，是从一座公元前186年的古墓里新近出土的文献，它的书名里同时带有两个常见的词语，即《算数书》，席姆拉将之译为 Book of Mathematical Procedures（Chemla & Guo, 2004）, 或更简单地译为 Writings on Rechoning（Cullen, 2004）。但《九章算术》超越了该文本，在呈现问题和拓宽其所研究的问题范围两方面，它都阐述得更为系统，广为人知的是，它含括了勾股定理（直角三角形的特性）的讨论，这是中国人在几何学问题上的兴趣的第一个征象，这个征象往往被忽略或摈弃。实际上，多亏了《算数书》的存在，我们在追溯中国数学的早期发展时，比我们重构欧几里得的《几何原本》从前人著作里吸纳了什么拥有更良好的条件。

在千禧年之交时，汉代目录学家刘向、刘歆将帝国图书馆里所有图书编为六大部类。术数略，也就是"计算和方法"，作为六略之一种出现。术数略的子类里包含两种关乎天文的研究，即《天文》和《历谱》，以及《五行》和各类占卦研究。五行提供了主要框架，一切变化都被置于五行的框架下讨论。五行分别是火、土、金、水、木，但这些并非物理意义上的元素，更多的是指过程。"水"并不是作为物质被挑中，而是作为一本经典（来自《尚书》中的"洪范"）所形容的"润下"的过程被挑中，如同火不是指一种物质，而是"炎上"一样。

这表明，中国人总体上还没有认识到以我们今天所称的自然研究（希腊人称之为 *physike*）为一方与以数学为另一方之间的根本性对比。当然，每个学科都是在需要时研究它所涵盖的现象的数量。我们可以用和声理论阐明之，包括子类《历谱》中的日历研究。

毫无疑问，音乐在中国具有深远的文化重要性。我们听闻过秦始皇于公元前 221 年统一中国之前各诸侯王国不同类型的音乐，其中有些受到一致赞赏，另一些则被批评为会导致放荡不伦，这与希腊颇为相像，希腊人将他们不同类型的音乐或视为促进勇气或导致放纵。据说孔夫子有一次在齐国听到《韶》乐后，"三月不知肉味"（《论语》，7.14）。

但乐声也是理论分析的对象，且事实上是几种不同理论分析的主题。一方面，像希腊那样，中国的实践者与理论分析者之间存在鸿沟；另一方面，对立的理论家在有关和声延展性正确的分析模式方面没有鲜明的认识论上的争辩。对于这个研究对象，我们拥有遗存下来的大量文献，从公元前 136 年淮南王刘安主持编纂的杂家巨著《淮南子》开始，延续到公元前 90 年左右中国第一部伟大的通史《史记》中所包含的音乐论述。《淮南子》第三卷制作了一张图标，将十二律联系起来，我们称之为"十二音阶"，带有五个音阶音符。从名为黄钟的第一律开始（等同于五音中的第一音"工"），第二音以及接下来的音阶是由交替的第五音升调和第四音降调产生，这一点与希腊颇为相像，亚里士多德主义者认为，所有的音乐和声都是按这种方式产生。而且，《淮南子》还为每个音律分派了一个数字。黄钟从 81 开始，第二个音律林钟是 54，也就是 81 次的 $\frac{2}{3}$，下一个是 72，也就是 54 次的 $\frac{4}{3}$，如此等等。这个体系对第一组五音来说运作完美，但紧接着复杂性出现了。第六个音符的数字在 $42\frac{2}{3}$ 到 42 之间，在下一个音符上，交替的升调和降调序列被两个连续的四声降调打断，要做必要的调整以保持在单一的八度音阶之内。

一方面，显而易见的是，要寻找并找到一种数字值分析，但另一方面必须要为此付出代价，或必须允许近似值，或作为替代必须容忍非常大的数字。《史记》第 25 篇的一个段落采用了第二种选择，摈弃了保持在单一的八度音阶的传统，但代价是必须处理诸如 32768：59049 这样复杂的比率。事实上，《淮南子》在另外一个段落（3.21a）里，通过整数 3 连续相乘产生十二律，3 连续相乘得到数字 177147（3 的 11 次方），作为"黄钟的大数"。

这个部分将和声与以初始整数为基础的"无限事物"创生联系在一起。道教以 1 开始，从这里分为阴和阳，阴阳又产生其他万物。因为阴和阳本身分别与偶数和奇数相联系，较大的和较小的阴被确定为 6 和 8，而较大的和较小的阳是 9 和 7，诸如《易经》等文献里阐述的以六十四卦为基础的常见占卜方法，也被赋予了数字基础。但饶有趣味的是，刘向和刘歆并没有将《易经》归在术数略下，而是放在处理经典文献的六艺略里。实际上，由六十四卦产生的阴和阳线阵模式，通常被平民百姓和该领域的专家用作预测人类行为的各个方面和整个宇宙。像希腊一样，数字经常被诠释为一把进入深层理解的钥匙，只不过中国以别具特色的方式行之。

同样，在中国的天文研究中，也需要复杂的数字。一个分支专门研究"天体模式"，即天文，且主要关注对各种征象的解释。另一个分支，即历法（含括在历谱类下），包括周期循环的计量分析，用于制定日历和预测日月蚀。在一个被称作"三统"的历法方案中，一个阴历月是 $29\frac{43}{81}$ 天，一个太阳年是 $365\frac{385}{1539}$ 天，在统循环中，1539 年相当于 19035 个阴历月、562120 天（参阅 Sivin, 1995a）。一方面，需要付出巨大的努力进行观察，积累预测日月蚀循环所需的数据资料。另一方面，测算三统的数字也通过数学式的方法进行，在某些情况下给人以欺骗性的精确印象——就像托勒密在《天文学大成》里的行星运动表一样。

处理很大比率的技巧，在中国的和声与天文研究的数学方面都很常见。但也有人致力于将这两种研究（它们是汉代类书《历谱》的组成部分）整合到一起。因此，每个音律都与北斗七星在不同季节中在天空运转的十二个位置联系在一起。有人提出，每个音律都与相应的季节的"气"自然地相呼应，通过半埋入土的管子顶端吹出的灰尘，就可以实际观察到这种现象，后来逐渐发现，这个观点不过是幻想而已（Huang Yilong and Chang Chih-Ch'eng，1996）。

历法和日月蚀循环在中国天文学家的著作中占据突出地位，与此同时，天文研究并不仅限于这些主题。在《周髀算经》中，学生荣方问陈子通过什么方式获得"道"，这个问答给我们提供了早期表达数学的能力和范围最清晰的陈述，至少是诸如专家陈子自己所研究的有关数学的能力和范围。他在回答中说，"道"能

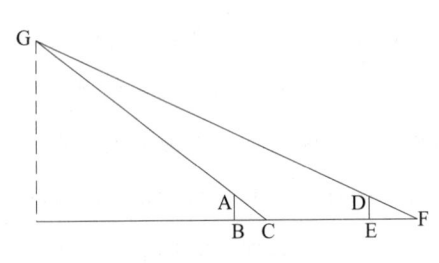

图 2.1 假定两个日晷（AB 和 DE）之间，也即 BE 的距离已知，两个阴影（BC 和 EF）也已知，那么位于 G 点的太阳距离地平面的高度就能计算出来。同样的方法也可用于计算在同一平面上的两点观察到的任何物体的高度。

够决定太阳的高度和大小、阳光照亮的区域、太阳最大和最小距离的数值,以及天体的长度和宽度,它们中的每一个答案由此得出。通过一个重要技巧,即对日晷阴影大小进行几何学分析,便可推测太阳与地平面的距离。这些观测技术之一是看太阳在一根竹管上下移。利用一次较早研究中获得的太阳距离的数字,从竹管上形似三角形的轨迹可以算出太阳的大小。这个结果仅是一个令人印象深刻的证据,证明数学用以理解常见的混沌现象的能力。但应该指出的是,尽管陈子最终在整体上清晰地向他的学生解释了他的方法,但他首先希望学生另辟蹊径,自己独立思考如何得到这些结果。这位中国老师不是用无可争议的结论填灌学生,而是耐心剖析知识,直至它被学生完全理解。

中国另一部重要的经典数学论著《九章算术》既表明了话题涵盖的范围,也表明了作者力图扩大这种范围的志向。该文本现存最早的注本由3世纪的刘徽所作,这为他如何看待该论著及整个中国数学的战略性目标提供了宝贵的证据。《九章算术》涉及诸多论题,如田亩测量、分数的加减乘除、求平方根、线性方程的求解、锥体及圆柱体等类似物体体积的计算。

这些问题都是用具体的语汇表达出来的。该书涉及城墙、沟渠、护城河和运河的修建,以及在不同郡县合理摊派税赋、数量不同的各种谷物粮食的折算和诸多其他方面。但是,把该书描述为仅仅关注实用性是莫大的歪曲。挖掘一条特定立方的沟渠需要多少劳工,书中给出的答案是 $7\frac{427}{3064}$ 人(5.5,161.3),其兴趣显然在于方程式的确切解法,而不在于情境的特殊性。对圆周率(我们称作 π)的讨论进一步说明了这一点。就实用性来说,数值 3 或 $3\frac{1}{7}$ 已足够,这样的数值实际上也经常被使用。一般的数学使用者,对计算 π 值引出的理论问题显然毫无兴趣。但《九章算术》的系列评注经典致力于计算有192条边的多边形的面积，甚至考虑过3072条边的多边形（自然，边数越大，就越接近圆形），到13世纪赵友钦时期，已经发展到计算16384条边的多边形的面积——确实是大师般的表现（Volkov，1997）。

刘徽对讨论锥体体积一章的评注，说明了他的几何学推理的精微成熟（参阅Wagner，1979）。尽管他谦逊地宣称自己没有任何突出的能力，但他的确评论了当时数学知识的衰微，就像阿基米德在他的《抛物线求积法》（Quadrature of the Parabola）前言里所抱怨的，科农（Conon）死后，他就没了任何可与之讨论高深数学问题的人。两位作者都敏锐地意识到，他们研究的许多问题都在大多数同时代人的能力和兴趣之外。

刘徽着手确定其体积的图形，是一个有矩形底部和一个与底部垂直的侧棱的锥形，称作"阳马"。为了找到求锥体体积（即长、宽、高三者乘积的$\frac{1}{3}$）的方程式，他不得不确定锥体与另外两种图形——堑堵（直角三角形底部的正柱体）和鳖臑（直角三角形底部、带一个垂直于底部的侧棱的锥体）。阳马和鳖臑合起来构成一个堑堵，它的体积很简单：长、宽、高三者乘积的$\frac{1}{2}$。这让刘徽开始研究阳马和鳖臑之间的比例问题。他首先把阳马解构成较小图形的结合体：一个长方体、两个较小的堑堵和两个较小的阳马。类似地，一个鳖臑也能够被解构为两个较小的堑堵和两个较小的鳖臑。但一旦被这样解构，它可以被视为原阳马中的长方体加两个较小的堑堵，是原鳖臑中两个较小的堑堵的两倍。因此，被确定的各部分的比例关系是2∶1。剩下的问题是确定小阳马与小鳖臑的比例，对此可以运用类似的程序。在每个阶段，原图形被越来越多地确定出来，阳马对鳖臑总是 2∶1 的比例。如果这个过程继续下去，系列方程式就是，一个阳马等于两个鳖臑，一个阳马是一个堑堵的 $\frac{2}{3}$，这就产生出了阳马体积的必要方程式，即长、宽、高三者乘积的 $\frac{1}{3}$。

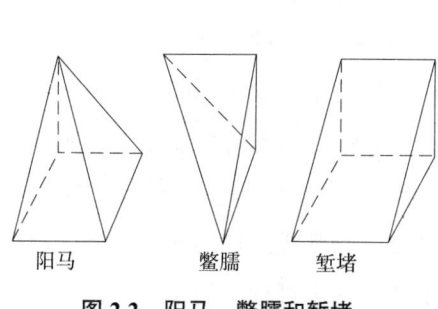

图 2.2　阳马、鳖臑和堑堵。

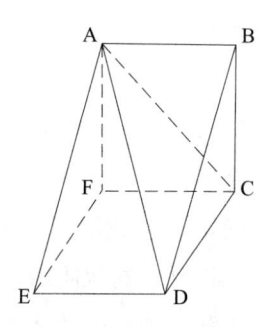

图 2.3　阳马（ACDEF）加鳖臑（ABCD）等于堑堵（ABCDEF）。

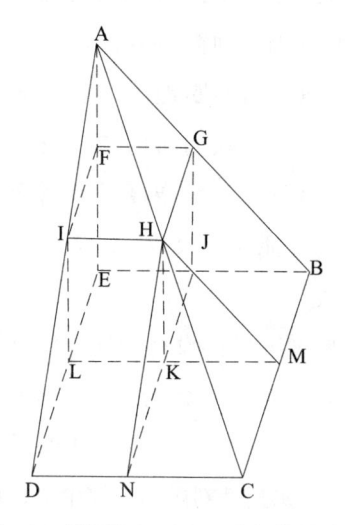

图 2.4　大阳马（ABCDE）解构图（参阅 Wangner，1979）。它被解构为一个长方体（HIFGJKLE）加两个较小的堑堵（HGBMKJ 和 IHKNDL）和两个较小的阳马（AEIH 和 HGJD）。

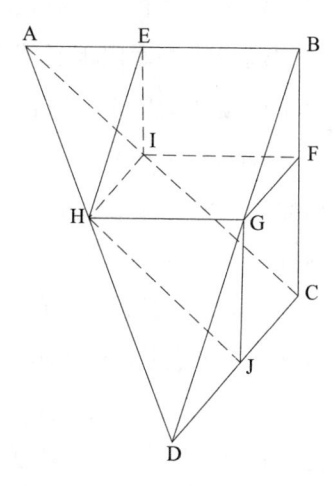

图 2.5　大鳖臑解构图（ABCD）。它被解构为两个堑堵（EBFGHI 和 FCJGHIJ），以及两个小鳖臑（AEIH 和 HGJD）。

这一长篇大论有两点特别有趣，首先是刘徽明确表示他用于解构的一种图形毫无用处。他说，鳖臑是一种"没有实际用途"的物体，但是如果没有它，阳马的体积就计算不出来。在这一点上，我们有了另一个明确的例证，专业的数学家对纯粹的几何学结构的兴趣，优先于对实际用途问题的关注。

其次，我们可能观察到刘徽所采用的程序与一些希腊方法之间的相似点和不同点。在这样的案例中（如欧几里得在《几何原本》中对锥体的确定），希腊人使用间接证据，表明行将被确定的体积既不能大于也不能小于结果，必须与之完全相等。相反，刘徽使用直接证据、我已描述过的解构技巧，产生出不断趋于精确的体积近似值。这个过程类似于上文提及的中国人通过刻画规则多边形求取圆形面积。这种技术与希腊人的穷竭法有明显的相似之处，尽管我曾评论说，用那种方法测定出的面积或体积并没有被精确地穷竭。刘徽看到，他的解构图的过程能够无限地延续下去，他认为不断地缩小剩余部分会生成这样的图形。我们显然是在讨论我们所谓的收敛级数（converging series），尽管刘徽对这种方法的限度没有明确的概念，但他以理论问题"这里怎么可能存在余数"结束自己的研究。

然而，在任何我们已考察过的文献里都没有发现任何要给数学一个公理基础的提示。直至16世纪耶稣会士到来之前，中国数学领域一直缺乏公理概念。相反，中国数学家的主要目标是探索数学的统一性并拓展其范围。尤其是刘徽，他评论道，正是同样的程序为不同主题领域的问题提供了答案。他在这样的程序中寻找并找到了他所谓的"齐"和"同"，齐同原理被他称作"算之纲纪"，也就是数学的指导性原则。在讲述如何从童年起学习《九章算术》（91.6ff.）时，他谈到了研究的不同分支，但坚持认为这些分支有同一枝干（"本"）。它们拥有单一的来源或原理（"端"），它们的类别（"类"）互通互明。他的目标始终是找到并展现算术不同组成部分之间的关联，将解答程序扩展到不同的类别中去，使整个数学简明但精确，彼此联通但不模糊。在描述他怎样鉴别二重差分法时，他说（92.2），他寻找基本点或特征，即直曲，以便能够将之扩展运用到其他问题上。

刘徽对这方面的表述比《九章算术》的表述更明确，而另一本伟大的汉代经典《周髀算经》，以极其相同的语汇描述了这个目标。我们讨论的不是某个孤立的，或许是特殊的观点，而是一个代表了一种重要的甚至可能占主导地位的传统观点——至少是中国数学思辨的最前沿中的传统观点。根据《周髀算经》的说法，"能类以合类，此贤者业精习智之质也"（Zhoubi, 25.5）。而且，在构成道的各种方法中，正是"言约而用博者，智类之明，问一类而以万事达者，谓之知道"（Zhoubi, 24.12ff.）。

现在，我可以试着总结我们快速而有选择性的研究说明了什么。对两种古老数学传统的研究，不仅阐明了某些类型上的相似性，而且还就数学及其分支是如何被诠释的做了一些提示性的对比。前者一方面是对算术或几何中计算和解决问题而引出的实际问题的研究，以及一般意义上的数学之间的类属联系评估；另一方面，研究和声和天体的某些内容。我们在两大文明里发现了众多的作者，他们都将数学描绘为理解其他不可估量之物的基础。在任何一种文明中，数学家们不仅是为了理解不可估量之物，当他们做这些事的时候，也标志着他们属于思想精英阶层。而且，与医学或法律学科中的情形不同（更不要说宗教领域了）——在这些学科里，被现有的圈内人认可颇受其出身或名望的影响,在数学领域,跻身数学精英则更多地取决于能力本身。

学科的基础一旦被奠定,革新的门槛自然而然就变得越来越高。在西方,阿基米德直至17世纪才被超越。在中国,《九章算术》后来的评注家,如5世纪的祖冲之和祖暅之以及7世纪的李淳风,在刘徽的基础上做了零星的改进提高,但重大持续的进步直到13世纪才出现。这种断断续续的进步,无论其缘由是什么,其原因之一是精英阶层为了保持自身地位而付出了不懈努力,正如在中国和西方其他学科领域所发生的那样。

但在方法差异方面,有两点尤为突出。首先,在这两种文明中,虽然专家们互相争论,但他们争论的方式有一定的不同。我们发现许多希腊人(不是所有)在基本的方法论和认识论上存在分歧,在这方面,至关重要的是给出确定性的能力,也就是说,这比说服性或推测性的论点更为有力,那些说服性的或推测性的论点在许多人看来是不充分的。相比之下,中国人更加关注探究不同的研究之间的联系和统一,包括那些我们视为数学的内容和其他我们将之归为物理学或天文学的内容之间的联系和统一。他们的目的并不是为了建立以不证自明的公理为基础的学科,而是通过外推法和类推法拓展之。

其次,这两种目的都具有优点和不足。公理化的优点是,它清晰地表明达至结论需要什么样的假设,但主要问题是怎样去鉴别具有重大价值的、不证自明的公理。中国注重指导性原则和联系,这有利于促进外推法和类推法,但相应的不足是,一切事物都依赖于构设各种类推法,因为中国人没有尝试赋予事物以公理性基础。显然,没有哪一条路径是数学发展必须采用的或理应采用的。就数学的统一性和差异性、数学之于现实问题和理解力的用处等各种观点,我们在这两种古老的文明中发现了充分的证据。问"数学是什么"这个问题的价值在于，在业已给出的答案中如此清楚地揭示了富有成果的异质性，尽管我们只关注了两种古老的数学传统。

无论我们对那些被视为没有书写的社会里的数学实践的相似性和差异性存在怎样的先入为主的观念，许多人都会假定，一旦数学变成正式思考的主题，就必然会导向一系列统一且标准化的目标和方法。已回顾的历史资料表明事实并非如此。我们发现，有关这些目标和方法应当是什么，希腊与中国之间乃至希腊不同的传统之间的看法，都存在着十分显见的不同。在这两个古老的社会里，通晓数字和图形的技能受到高度尊崇，在这种意义上，那些展现此等技能的人被视为精英。但是，那些因其技能受到尊崇的人，选择发展该学科使用的方式、他们评估自己及他人成就时借助的标准，都各自不同。

在这个心智探求的领域，由最精干的践行者构成的精英，发展出令人印象深刻的研究程式，并且确定无疑没有阻碍一切革新，尽管他们当中的一些展现出一定程度的排他性征象。很显然，一种重要的希腊传统所关注的是，被当作一种理想的公理证明模式展示的数学研究陈述方式并不遵循那种模式，从这个意义上来说，这也转移了人们对启发问题的关注。在希腊和中国这两个古老的社会里，数学不仅因其自身受到重视，也作为一种一般意义上的技巧性推理模式而受到重视。但是，在强调确定性的人与强调发现优先的人之间，以及在视数学为揭示无形的、可理解的现实的人与把数学视为阐明事物相似性及联系的工具的人之间，对数学由什么构成的认知是迥然不同的。显然，在这两种情况中，数学的角色都反映了被我们所谈论的社会或这个社会中各群体所采纳的某些根本性的思想价值。对我们发现的数学发展方式路径理解的分歧，毫无疑问，部分在于对一般意义上的推理和推理者所确定的目标与理想的分歧。尽管这个学科提出的诸多问题超越了本章研究的范围,但我将在接下来的章节里继续谈论相关问题,即我已谈及的话题:精英们为自己学科的霸权地位提出的种种竞争性主张。[12]

---

[12] 就这些问题,我提出了常识性的观点,见劳埃德(Lloyd, 1990: ch.3; Lloyd, 2002: ch.3)。

第三章 历史学

我们可能会认为所有的人类群体都对各自的过去怀有兴趣,并且因此都关心各自的历史。但是人类对于过去的概念以及对过去所怀有的兴趣的特点各不相同,所以,我们是否可以用历史来指称这样一种关切就变得问题重重。始自过去,经由现在,从而导向未来,这样一种连续性的时间观念,并非举世皆然,这一点,已经为人类学家所指出。在一些文化中,英雄的时间或者神灵的时间与现世的时间是存在本质不同的(Vidal-Naquet,1986:ch.2;Vernant,1983:ch.3),同样,神的时间与人们身处其间的世俗时间也常常是不同的(Leach,1961)。在一些古希腊的作者笔下,有时候时间不是一个抽象的独立存在,而是呈现出在其内部所发生的历史事件的一些特征,比如荷马所说的 *nostimon ēmar*,即"回归之日"(day of return),或者 *doulion ēmar*,即"奴役之日"(day of enslavement)。

我们将时间想象成线性的,但许多人据说是——或者说至少被认为是——持有一种循环时间的概念。[1] 根据其中一种说法,

---

[1] 关于这个问题,莫米利亚诺(Momigliano)在1966年的著作中曾特地指出,将循环时间的概念认为是希腊的概念是将问题过度简单化了。参见 Gernet,1981。

时间精确地重复着自身（Eliade，1954），这一想法倾向于否定以下观念：历史是由多个独特事件构成的序列（Thapar，1996：5f.）。[2] 过去是从创世开始的吗？或者是从距现在稍近的某一个时间点开始的？另一些人认为时间是会终结的，不管是终结于一场现实世界的大劫难，还是一场道德上的大劫难——末日审判将会对道德进行清算，上帝的意志将会实现，上帝选民的命运也将会兑现。此外，我们的线性时间概念也很难符合宇宙学或物理学上的时间概念，即时间是时空流形（space-time manifold）的第四个维度。

59 以上这些分歧和差异自然会产生影响，影响到历史对某一特定人群而言意味着什么，影响到这一人群是否真的能够"历史地"（historically）看待过去。在一些社会中，历史编纂学（historiography）*凭借着冲破神话学的藩篱而得以发展，这并不是说它使得神话学无足轻重，而是说史学使自身成为以神话学语汇所描述的过去的一个替代品，而人们从时间里得到些什么、怎样在时间中到达当下，这些问题依旧没有得到充分的解答。试图让记忆变得有序，这为按年代记录事件提供了强大的动力，然而，在很多社会、很多环境之中，那些被记住的内容是出于智慧的积累而被珍视的，既不是为了证实记忆的需要——乃至可能性，也不是为了给那些声称被记住的事件确定时间。此外，哪些事件是重要的，它们怎样被解释，这还或多或少涉及选择和评价的层面。一个社会或者是该社会中的某一人群怎样创造历史以巩固其自身的形象，并试图以此形象为人所认可，是一

---

2 塔帕指出，在印度思想中，循环时间的概念与线性时间的概念相结合。

* 在这里，historiography 第一次在本章出现。在翻译时，译者根据不同的上下文语境，分别译为"历史编纂学""历史编纂""编史工作""编史""历史著作"等对译词，特此统一做出说明，以下不再赘述。

个萦绕不去的问题。

在此，我将关注希腊、罗马及中国在历史学这一领域内的思想与实践，关注这些文化中异常丰富的资料，但是首先我将以抽象的、理论化的语汇来展开分析。我马上将略述一下哲学问题，而接下来，无论我对历史编纂学做出什么样的总体上的比较考察，某些社会问题都要被纳入讨论范围内。历史学家是些什么人？他们是受雇于统治者或国家的官员吗？如果是这样，他们能够获准使用官方档案吗？这些官方档案包含哪些内容？当文字记录可以获得时，相较之下，他们如何评价口述资料？他们如何处理那些汇报自身经验的实际目击者的不可靠性，难道就对那些已经于很久之前发生的事件的重述听之任之吗？他们自己如何记录事件，即他们选择怎样的文类（genre）以及媒介来记录事件——是选择碑刻，还是口耳相传或是妙笔写下的诗篇，抑或是其他形式的文字加以记录，这会带来不同的影响吗？如果种种写就的书籍都被公开售卖，或者只能从特别的图书馆获取，甚至只能在统治者的宫殿内找到，抑或只出现在国家的档案馆内，那么，这又会带来怎样不同的影响？现存的古代历史都是借由文本的形式传递给我们的，这会带来这样的效果，即某种"过去"会被"定格"（freezing）在某个特殊的时间点。除此之外，还或多或少会存在坚持不懈地占有过去及对过去的解释权的努力。当然，以我们的观点来看，作为历史的"消费者"，我们不得不尽可能地充分利用任何可资利用的信息，并且必须意识到它们可能存在的局限，这不仅仅指要认识到证据中存在的颇多疏漏，还要意识到它们经过的加工过程。

那么，历史学家被赋予特殊的工作目标或工作事项了吗？或者说，他们会为自己设定特定的工作目标或工作事项吗？历史学家能就他们的技艺达成一致吗？或者，关于这一技艺，他们中间存在着针锋相对的不同观点吗？我们可以大致区分出不少于 11 种不同的、重合的、非排他性的历史学家的工作目标，然后我们可以看到，那些流传至今的现实中的历史记述在何种程度上符合了这些模式：（1）娱乐；（2）纪念或缅怀；（3）美化或颂扬，或者相反，污蔑和诋毁；（4）使现行政权或者一个新建立的政权合法化；（5）证明以往行为和政策的合理性；（6）解释以往所发生的事件的前因后果；（7）以以往的经验为基础为当下提供指导；（8）为治理国家的行为提供历史记录，从货物的价格到地方官或者统治者的姓名及在位日期，都逐一加以记录；（9）就道德问题或是非问题对君主、政治家或者其他相关人士或人群发出警示、告诫甚或是诤谏；（10）批判他人对于过去的解释，尤其是其他历史学家所给出的解释；（11）"如实"（just）记录过去，即诉说真实的过去，描述它究竟如何，就像兰克所提出的那样"如实直书"（*wie es eigentlich gewesen*）。关于历史学家工作目标的可能性清单已经列得太长，并且以上清单中所列的每一种目标还会有着各种次一级的目标，因为无论历史学家的关注重心是政治及法律事务、军事史、经济史或者社会史，抑或是任何其他的历史，没有一种着眼点是完全纯粹的，它可能是并且通常确实是与一个特定的政治目标或至少一个教育目标相一致。关于这一点，我会在下文加以讨论。

  然后，紧随而来的一系列问题是：在多大程度上，历史学家能够意识到他们被指派或者被选定的工作目标可能会损害或者至少会不可避免地影响他们的叙述？历史学家本身的书写工作在哪些方面受惠于既有著作，比如，前者是否从诗歌或是修辞学中获得了帮助，或者，在多大程度上，历史学家会从其他体裁或其他历史学家的著作中刻意区分出他们自己的书写？而且，如果会，是基于什么？他们是否会自觉地定义自己的视角，或者，他们是否会认同他们所描述的一个或多个群体的行为？在上文列举的任一历史学家的工作目标方面，他们是否会自视为一个社会乃至一个国家的良心之人，或者，他们会自视为过去的卫道士、过去的批判者，还是仅仅是过去的旁观者？他们是否会认为他们的工作本质上是指向当下之问题，抑或是认为对于过去的研究在某种意义上只是为了过去本身？

任何历史书写都至少面临着三个基本哲学问题。[3] 第一，不存在完全中立的或者价值中立的描述。这一科学哲学（philosophy of science）领域的常态同样适用于所有的历史叙述。当然，我们能够并且应当对高度理论负荷（theory-ladenness）以及轻度理论负荷做出区分。有些描述与直接目击所得的陈述比较接近。但是，每一种描述都会预设一个带有理论负荷（theoretical load）的概念框架。某些作者可能会意识到这个问题，并且努力避免使用明显带有情绪化的语汇或者明显具有倾向性的概念。但是，即便是像数据表格所声称的客观性也仅仅是相对的客观而已，因为它还会涉及数据是如何被搜集的，如何取舍，为什么这样取舍等问题。当然，在任何古代文明中，对于种种可能性的数据分析和量化评估并不为人所关心。然而，我们却经常看到一些自称正确、完整的列表，比如王表。此类列表以文字材料或者碑铭材料的方式流传至今，来自不同的文明、不同的

---

[3] 部分学者已对我们所称的古代世界的历史哲学（philosophy of history）做过出色的探讨，其中尤其可见莫米利亚诺（Momigliano, 1966）、芬利（Finley, 1975），以及最为新近的哈托格（Hartog, 2003, 2005）。各种不同观点，如尼科莱（Nicolai）和达博-彭查斯基（Darbo-Penchanski）的观点，可见马林科拉（Marincola, 2007）。

历史时期，实际上其描述的准确性是千变万化的。言及客观性问题，同时存在两个关键点：一是任何作者必然有某种观点、某些理论预设；二是每一位作者会选择一些问题——而不是另一些问题——作为自己的关注点。即便客观性被奉为明确的目标，在客观性对什么而言是重要的这一问题上，总是存在着一些先天的局限。

第二，历史作为一种教诲，按科泽勒克（Koselleck，1985）*重新唤起的说法，"历史乃生活之师"（historia magistra vitae），而历史作为一种教诲同样从根本上就是矛盾的。[4]我们必须发问，为谁教诲？谁来教诲？以谁的立场来加以教诲？既然认定自己所撰的历史是具有启发性的，于是修昔底德做出了一些假定，其中尤为值得注意的是，他认为人类的本性从根本上是相同的。但是，这种相同一贯如此、举世皆然吗？修昔底德像一个医者般指出了城邦国家的病症所在，其中，内争（stasis）即一个显例。然而，这些病症在何种程度上从属于一种特定的政体？难道它们是仅属于希腊式城邦国家的问题吗？在君主体制下，对暴政、政治派系之间的争斗听之任之可能不是一个太大的问题。

---

* 莱因哈特·科泽勒克（Reinhart Koselleck，1923—2006），德国著名历史学家，尤以概念史（Begriffsgeschichte，英译为 Conceptual History）的研究闻名世界，其主要作品已被译为英文的有 The Practice of Conceptual History: Timing History, Spacing Concepts (2002), Critique and Crisis: Enlightenment and the Pathogenesis of Modern Society (1988), Futures Past: On the Semantics of Historical Time（1985）等。

4　historia magistra vitae，此语来自西塞罗的《论演说家》（Cicero, De Oratore, 2.9.36），是西塞罗用以强调历史之功用的诸多表述之一。此后，尤其是在 16、17 世纪的某一派史学观念中，它被用于反对"历史是一种描述或是一种修辞"的观点（参见 Grafton，2007），但并不意味着那些引用者会就历史学究竟该教些什么达成一致意见。

诚然，贪婪、自私及狂妄自大等特质被认为是普世性的，故某些人可能会说，这为修昔底德所认为的人性在本质上相同以及历史总是在重复自身的观点提供了充分证据。或许是这样。但是，每个人关于如何避免政治灾难的观点，同时也反映了其政治理想，而他们各自的政治理想毫无疑问是言人人殊的。

这是"历史乃生活之师"这一论调所面临的第一个问题——即便是对于人性存有共识，对国家如何运作、国家间的关系如何处理方能达成最佳效果存有共识，"教诲"本身并不会放诸四海而皆准，对任何人都能对症下药。这种"最佳效果"是谁的呢？难道对于每个人来说都是一样的吗？谁又能保证，人们普遍认同的政治理想——如果能够普遍认同——就一定能指导政策及其实施过程呢？

我曾问过"谁来教诲"的问题。修昔底德的权威建立在他所给人的不偏不倚的公正印象上，但是，他当然并不是完全如此。例如，对于伯里克利和克里昂的领袖能力孰高孰低，他有着与众不同的观点。当然，由于其作品的修辞力量的作用，或者至少由于其价值判断的看似合理，我们总是倾向于认同他的观点，不是吗？我们鲜有其他史料可资凭借，以质疑他的观点。在让我们接受其对于雅典蛊惑家（Athenian demagogue）的某种观点上，他无疑获得了巨大的成功——只是很偶尔地由像芬利（Finley, 1962）这样独立思考的学者对其提出挑战。

所以，任何一位志在教诲的历史学家从一开始就面临着困境。他们越将他们各自的价值观和立场明确地加以表述，他们的读者就会越发疑心重重（除非他们刚好持有相同的价值观）。然而，无论如何（我在上文所指出的第一点），不具备任何偏向性是不可能的，而且，即便每一个历史学家都成功展现出自己对于历史事件的中立立场，读者们究竟会从他的描述中学到什么完全取决于读者自己。他们会浏览对于事件的描述以获知哪些政策是成功的,而哪些政策又导致了灾难性的后果。但是这里显然有将军犯错的风险,他在步入下一场战争时,可能有上一场战争的丰富经验,但在面对新敌人时只会变得束手无策。你从过去那里去了解过去,但那并不一定是对于未来的正确指导,不管追问过去何以变成这样这个问题本身有多么使人入迷。的确,历史提供了丰富的、几乎用之不竭的榜样、先例和可能的类似事件。但是,依然无法避免这样的问题,即什么是与眼前相关的事情。事实上,过去的典范可能会令人徒增困惑而不是令人豁然明了。选择不可避免,成功也是没有法则的。

换言之,既然我们不能认为过去总是在不断地重复自身,作为历史编纂学的历史便无法成为一个可信赖的"生活之师"。对于事件是否会如此发生、会发展到何种程度以及会对哪些方面产生影响,除了依赖自己的判断,我们别无选择。

第三个基本问题紧随着我所提到的"立场"问题而来,并且引出了更为棘手的问题。一位历史学家对于事件的记述并不仅仅局限于个人,而是涉及群体。每当涉及为权力而开战或斗争——又有什么时候不涉及权力战争或斗争呢?——的时候,便必须辨别争斗的双方。如,他们有可能是人民大众、少数派、雅典人、斯巴达人、希腊人、蛮族、罗马人,或者是秦国,或者是黑头发的人,又或者是匈奴人。有时候,我们假定这些词汇是不言自明的,但没有一个词汇是真正中性的。诚然,其中某一些比另一些更可疑。大体而言,对于谁在雅典享有公民权这个问题,人们并无太多疑问。但是,*kaloi kagathoi*("可敬的绅士"或者"杰出的人")究竟指哪些人?作为一个群体,"民众"(*dēmos*)或者"大众"(*hoi polloi*)有着多少一致性?这些都是更疑难的问题。

如果说历史学家的目标之一在于颂扬（celebration），那么，"谁在被颂扬"这一问题便尤为重要。是所有人吗，还是那些当权者，抑或仅仅是国君而已？希罗多德的著作开篇即声称他将把希腊人和蛮族的伟大功绩都记录在案，至少在某种程度上，他也努力践行了这一不偏不倚的原则，尽管他个人的偏向性也不时可见。然而，尽管有人试图掩饰，有人开诚布公，事实上历史学家常常承担起赞颂胜利的任务，巧妙地应对胜利真正属于谁这一问题，罗马人的统治是上天注定的（就好像这是不可避免的一样），但是，在罗马人征服其所知的那个世界的大部分疆土的过程中，"罗马"这个概念肯定也发生了变化。同样，在更为晚近的时代，我们听到了所谓"法兰西"的荣耀，或者说"德意志"理应被称作优等民族（super-race），或者说"大不列颠"并不是征服了这个世界，而是教化了这个世界的说法。然而，以上每一个说法都提前假定了一个"民族"（nation）的概念，即认为民族是一个整体，且是一个高度民族主义的整体，无论这一民族是政治性地，还是种族性、文化性地被构建起来。马塞尔·德蒂安（Marcel Detienne）近来对于法国史学的猛烈攻击（涉及许多他以前的同事和合作者）可能的确有些过火（Detienne，2008），但是他所指出的在法国历史学家中弥漫的民族主义趋向的证据却是让人印象深刻的——英国、美国的史学传统无疑也是可以被如此加以批判的。其中对民族或者民族中一部分人群声誉的注重，常常被证明是具有分散注意力作用的。以失败者或被压迫者的角度来书写历史是一种极其罕见的现象，当它作为人们习以为常的、占有支配地位的视角的一剂解毒良药而出现时，更显弥足珍贵。然而，被征服者的自我认同可能与胜利者的自我认同一样存在问题。

这其中最根本的困难在于，被历史学家视作历史事件主要代理人的人群本身都是被构建出来的。卷入其中的人种、民族更是如此——即便它们与行动者的自我认知有着对应的关系（参见 Brague, 2002）。此种观点同样适用于作为我们讨论对象的亚群体（subgroup），尽管历史学家为其所贴的标签或许又一次与行动者所归属的范畴对上了号。当然，相比而言，个体要更容易辨认一些，不过，他们和他们被认定所属的群体一样，也可能沦为刻板印象的对象。

　　全然价值中立的历史不可能存在，对此，有一种简单的后现代应对方法，即认定历史是虚构的，这一观点尤其与海登·怀特密切相关（Hayden White, 1973, 1978, 1992）。但我认为，这种应对之道同样难有成效。[5]我们所需要的"真实"概念要能给我们带来合适的验证标准，以便我们对所研究的"背景"进行核实。这并不意味着我们能获得明确的叙述。但是，即便历史学家无法完全客观，他们也大可以在展示证据时谨慎从事。他们的错误终归会被揪出来，例如，1933年2月的国会纵火案终究不是共产党密谋的结果。[6]并非故意为之却导致一个错误的描述是一回事，故意伪造则是另一回事了——例如拒不承认犹太人大屠杀的存在。如果说没有一种描述是完整的，那么，某些被忽略的部分相比另一些被忽略的内容而言，危害要小得多。与一位科学家的成果可以由另一位科学家去验证该成

5　金兹堡（Ginzburg, 1992, 1999）、伯克（Burke, 2001）、里克尔（Ricoeur, 2004）等人的几部尤为出色的著作对于历史编纂学新趋向的论争做出了新的贡献。

6　这一否定的结论显而易见，尽管历史学家依然在持续争论究竟是哪个人应该对此次纵火事件负责。

果是否可以复制不同,历史学家的描述不可能用实验去测试。但这并不是说,经过选择而呈现的证据与人为制造的证据是没有区别的。

这是基于这样一个层面——哪些内容被作为已经发生过的事呈现了。当然,当人们提出各种建议来解释为什么会发生这样的事情,为什么事情会变成这样,为什么秦朝仅15年后就覆亡了,或者为什么雅典人在伯罗奔尼撒战争中战败了,又或者为什么恺撒越过了卢比孔河(Rubicon),更不用说罗马帝国"衰落"(尽管哪些地方"衰落"了还远未明晰)的原因时,问题就变得更加令人困惑了。有关哪些地方衰落了,衰落的原因分析如果只是遵循此前即已提出的、用于正确解释这些问题的理论,便足以使人感到不安。同样,或者说更为通常的情况是,历史解释要素(explanantia)的选取常常是遵从既存的解释,而并非努力去为天下先。

按照我提出基本哲学难题的方式,历史编纂学可能会被认为面临着一个不可能的任务,而且,当我们发现在实践过程中,不同的个体或者不同的史学传统总是存在这样或那样的妥协时,不管是不是故意为之,我们也不会觉得有多意外。这无疑取决于我所提出的11项目标中的哪一项被优先考虑,或者取决于如何在这11项目标中达成平衡。如若娱乐成为历史书写的唯一目标,按照某种更为通常的观点,这将使得这一书写难以被称作历史,尽管它依然被认为是在"讲故事"。例如,在法语当中,"讲故事"意义上的 *histoire* 是与"历史"(history)相混杂的。对于过去的描述包含在莎士比亚的历史剧中,但是它们开始时并不属于我们所认为的历史——它们并不是我们所倾向的用于理解过去的史料,即便埃斯库罗斯《波斯人》(*Persae*)之类的著作已被古代人和现代人纷纷加以挖掘以获得其戏剧化的事件所包含的信息。无论是古代的历史剧还是莎士比亚的历史剧，单纯的娱乐功能绝不是其唯一的目标。此外，一些作者并不假装客观，而只是去美化。官方历史学家可能不得不无耻地极尽颂扬之能事，如颂扬胜利的军队，颂扬所向无敌的统治者，颂扬体现着绝大仁慈或者绝顶聪明的人，尽管某些官方历史学家可能是全然坚持己见的，其中，中国的史学家尤为如此。在中国，直言进谏是其根深蒂固的传统。我曾在上文对此加以提及（参见第一章）并将再次提到此事。

但是，当历史学家决定致力于追寻真实时，摆在他们面前的问题是，如何确定什么是真实？他们如何搜集并评估他们所获得的证据？他们在多大程度上承认证据的局限性及其缺陷？他们在多大程度上采纳不同的观点来让这些迥异的观点达成某种平衡？

即便是在同一种文化中，我们也不能奢望人们就历史的目标达成一致，事实上我们也不会发现这种一致性。在希腊和中国，历史编纂学——或某种与之极其近似的东西——经历了很长一段时间才被认为是一种文类，而在古代的美索不达米亚和埃及，这一过程更曲折反复。[7] 在此，我首先展示一些众所周知的希腊资料，接着再展示一些来自中国的丰富资料。

最初，希腊语词汇 *historia* 可以指称任何研究或者任何研究的结果，故它跨越了一个相当广的范围，我们必须考虑到许多不同的学科（参见 Darbo-Peschanski，2007）。我们所称的地理学和人种学便是极好的例子，还有科学及其分支学科，以及对动物、植物、矿物、气象的研究等，乃至对整个自然界的研究，即

---

7 费尔德海尔（Feldherr）和哈迪（Hardy）在即将出版的新著里回顾了古代苏美尔、埃及和美索不达米亚历史编纂学的发展。

自然研究（*peri phuseōs historia*）。然而，在对比人们为诗歌所做的工作时，亚里士多德已经开始在他的《诗学》（*Poetics*，1451b1）中使用非严格意义上的"历史学家"（*historikos*）一词。令现代历史学家感到沮丧的是，在亚里士多德的著名观点中，相较于历史，诗歌被认为是更富含哲理且更为严肃的，因为诗歌关怀普遍的世界，而历史仅仅关心特定的事物。这一说法似乎忽略了我的哲学观点，即任何关于亚西比德（Alcibiades）做过些什么的描述，或者在他身上发生了什么的描述（即亚里士多德的例子）必须利用一般的、评价性的概念——例如，有人声称他已"出卖"了雅典人民。在亚里士多德的例子中，"历史学家"指的是希罗多德，尽管我们说希罗多德的"历史"（*historiē*）远不是对历史事件的如实记述，尤其是其对于埃及人和西徐亚人*的故事（*logoi*）的描述，而是希腊人观念上"历史"的绝佳例证。这一普遍观念此后一直未被取代，故希腊的历史编纂学总是与各种各样的探究息息相关。

甚至早在希罗多德之前，希腊人关于人类经验的书写便常常将自己表现得与其他描述更擅胜场乃至显得比其他的描述更加高明。这总让我们觉得它们是在参与竞争的某一方的支持下写就的。赫卡泰戊斯（Hecataeus）嘲笑希腊人（统称）的"许多故事"是"荒诞可笑的"。相比之下，他声称自己的描述是真实的（*alēthēs*，Fr.1）。但这对希罗多德而言丝毫不起作用，当他将那些关于世界地理的猜谜般的描述斥责为"可笑的"时候，显然他想的是赫卡泰戊斯。在展示（*apodexis*）其"历史"（*historiē*）

---

* Scythian，又译作"斯基泰人""斯奇提亚人""塞西亚人""赛西安人"等，是古代欧亚大陆著名的游牧民族，见于多种欧洲、亚洲的古代文献，本书译文遵从向例，将希罗多德所称的这一人群译为"西徐亚人"，将作为地名的 Scythia 译为"西徐亚"，以下不再赘述。

的开篇处（1.1），就其他人群如何解释希腊人和蛮族互相征战的原因，希罗多德为我们提供了波斯人的说法，尽管几个章节之后，他便将其与腓尼基人的说法相对比（1.5），紧接着便是希罗多德（他使用了第一人称"egō"［我］）自己所知道的和不知道的事情。对于这些蛮族所提供的描述，希罗多德采取了暂缓判断的方式，仅仅说他自己"知道"（oida）最初对希腊行不义之事的那个人——此人便是克洛伊索斯。

接下来，我们开始对这样的叙述——其中混杂了希罗多德对于其所亲见内容的报告、事件不同版本和不同解释的记录，有时还掺杂对不同观点的评点，有时则不予置评——进行考察。[8] 我们面对的是一个描述事件的诸多可能版本、对评估资料来源的必要性有着清醒认识的作者（参见 Fowler，1996）。的确，希罗多德在多大程度上虚构了或者说发明了他对于埃及和西徐亚的描述，以满足他自己的策略性目的——就像哈托格（Hartog，1988）曾经的妙论所指出的（即为了衬托雅典和希腊），此事依然有继续讨论的余地。例如，一些人便坚称，希罗多德对西徐亚的描述能够被不受他人影响的考古证据证实。但是，显而易见的是，希罗多德最终成功地以此衬托了雅典和希腊。

然而，修昔底德反过来曾对希罗多德不具名地加以批评。在《伯罗奔尼撒战争史》（1.20）中，修昔底德更正了一个希罗多德书中（6.57）的说法，即希罗多德认为，在斯巴达的元老院里，斯巴达国王有双重投票权。甚至，他还将自己与这样一些人——他们的叙述（希罗多德告诉我们）"更适于娱乐听

---

[8] 希罗多德书内的 2.44 是一段典型的文本，其中明确提到，为了获得清楚的事实，他曾独自旅行并着手调查。

众而非说出事情的真相"——区别开来（1.21）。[9] 在修昔底德看来，这些人所讲述的故事可靠与否是无法进行核实或详查的，已经"陷于神话境界（mythōdes）之中"，在不可验证性之下，mythōdes一词带有明显的贬义色彩。尽管有时候 mythos 并不总是含有虚构意义上"神话般的"（mythical）意味，但该词依然是一个常见的用于形容故事或描述的词语。[10] 于是，修昔底德含蓄地声称，他将比他的前辈们更加谨慎地评估其所使用的证据，[11] 显然，当在描述近代或者当代的事件时，这一做法显得颇为可行，至少要比处理一些在遥远的过去发生的事件可行多了。然而，即便是通过目击者而获知一些当代事件的真相也比那些从未尝试过这样做的人所想象的复杂多了。但事实上，这不仅仅意味着修昔底德的方法是特殊的：他的目标还在于为后世提供一份永恒的遗产，即提供一个智慧思想的库藏，如其书中（1.22）箴言所述。这是基于一个假设，即人类行为总是遵循不变的法则，而历史也因此被认为是周而复始的。修昔底德为未来的读者双手奉上其著作。他用以战胜其竞争者的策略在于：他宣称其作品不仅意在与其他作品一较短长（agōnisma），还将被证明对后世有价值。

---

9 按照我在上文列举的描述历史学家工作目标的词语（见本书［边码］第60页），显然，修昔底德批判了他的一些前辈们只关注历史学的"娱乐"层面（即我所提出的第1项目标），而他自己则声称要讲述过去的真相（即第11项目标），并且在此基础上提供指导（即第7项目标）。

10 卡拉姆（Calame，1996，1999）的两部著作已经深入分析了 mythos、logos 这类词语存在不同乃至矛盾含义的情况。

11 修昔底德宣称其历史旨在真实，这一宣称的重要性已在威廉姆斯（Williams, 2002）的著作中得到论证。但是，我们将看到，中国的司马迁也同样致力于为后世提供可信的事件描述。

后世的希腊和罗马历史在内容、目标受众以及作者所采取的方法等多个层面，都出现了极大的变化。其中既有人物传记、地方史、名门望族的历史，也有制度史、知识研究的历史，如哲学、数学或者医学。许多历史学家或多或少承担着官方指定的任务，不仅旨在记录，还要庆祝和颂扬。[12] 一些希腊历史学家还需要面临如何向罗马霸权妥协的特定问题。公元前 2 世纪，波里比阿声称其著作具有独创性，这首先是因为此书所涉及的历史事件至为重要，如他所述，在不到 53 年时间里，罗马是如何征服了几乎整个已知的世界；其次，也因为此书乃首部真正意义上的通史著作（universal history）。[13] 在此之后的数个世纪，一些罗马历史学家，如萨鲁斯特（Sallust）、李维、塔西佗等人便沉迷于罗马的胜利伟业这一主题，其叙述时常夹杂着对罗马最初走向衰亡的征兆道德说教般——即使常常是自相矛盾——的评论，例如共和制让位于帝制，美德转为自我放纵和堕落。到 1 世纪，犹太史家约瑟夫斯（Josephus）在其书中述及希腊时，不得不循着犹太史学传统对关于希腊的叙述做出调整，以给上帝的选民预留空间（Vidal-Naquet, 1977, 2005）。许多身为基督徒的史家则以歪曲异教徒的历史为其己任，穿插基督降

---

[12] 其中尤为值得一提的是亚历山大的历史学家卡利斯提尼（Callisthenes），与许多中国官方历史学家一样，在和他的庇护人关系破裂之后，他的结局并不完满。他最终在卷入一场意在谋害亚历山大的阴谋之后被处死。与我们后文将提到的中国历史学家一样，某人有一个官方职位可能会使其占有特权地位，但这并不意味着那位历史学家一定要与他的（或者她的）权势保护人同流合污。

[13] 参见波里比阿（Polybius, 1.1—4）。波里比阿自己也承认，从某种程度上说，埃福罗斯（Ephorus）早已提出他的这一雄心壮志，尽管波里比阿认为埃福罗斯仅仅涉及了希腊世界（5.33）。波里比阿还批评了另一位同行提麦欧（Timaeus），不仅因为其著作的涵盖范围存在局限，还因为提麦欧没有对第一手资料进行研究，且缺乏处理军事事务的经验（12.25—7）。

世，编写世界历史。

希腊-罗马历史编纂学的历史贯穿着一个明显的特征，这一特征我们亦可从希腊-罗马哲学中发现，即明显的竞争性（competitiveness）。历史学家们纷纷声称自己的描述建立在可靠的史料之上，因而是在讲述真实的历史，而其他史家的叙述则是不完整且带有偏见的，甚至仅仅是其作者的向壁虚造。其中，*historiē* 以及 *historia* 这两个术语被更趋实证主义的历史学家们用于基于研究的描述。相比之下，*mythos* 则被贬低为存有瑕疵的，其叙述通常带有大量的华丽辞藻，并且反映作者本人的政治观点。

当然，历史研究跻身职业化研究的行列还有一段漫长的路要走。所谓职业化即意味着历史学在大学课程中获得一席之地，在西方世界，历史学被接受为研究生阶段的科目，要远在法学、医学和神学之后。[14] 而且，不同的欧洲国家将历史学纳入本科生人文教育中的一个关键部分，不仅反映了一种民族主义的规划，而且通常与一种独特的教育规划密切相关，即学生们被认为需要掌握这些知识，以便在适当的时候成为从政者。那些教导学生的人便理所当然地自视为某位学术精英，尽管其地位在其他学科

---

14 我所指出的希腊-罗马历史编纂学中明显的竞争性特征在此后的欧洲史学著作中依然存在，并且新添了一种新特征，即不同民族传统之间频繁不断的对抗。如，仅在英语世界的史学传统中，卡尔（Carr）的《历史是什么？》（*What is History?*）在 1961 年出版之后，伯林（Berlin）、埃尔顿（Elton）、巴特菲尔德（Butterfield）以及特雷弗-罗珀（Trevor-Roper）等人随即加入争论，在进行学术交流时言辞同样辛辣尖刻，这或许可以成为这种竞争性特征之一例。参与其间的历史学家们会在知识问题上进行讨论，但这不仅是知识层面的问题，也就是说，历史学家在一定程度上会受其信仰或成见的影响。这场争论演变成了精英阶层内部关于大学课程控制权的辩论，学界的知名人士纷纷就剑桥大学及其他大学该如何教授本科生及应教授什么展开了争论。埃文斯（Evans）在卡尔（Carr, 2001）一书中概述了这些争议。

的代表人物看来并非毫无争议。

中国又如何呢？相比希腊的例子，在中国的例子中，一概而论是困难的。并且，在某些问题上，尤其是复合文本（composite text）的编纂，目前学界一直处于变动不居的状态。像《春秋》这样的文本，曾被认为全书是孔子亲手撰作，其他的古代经典则通常会被上溯至像黄帝这样的传说人物。如今，这类著作被认为是由不同时期、不同起源的文本拼凑而成，所以我们所读到的这些大部分是汉代所编定的，有些甚至要更晚。随着考古工作的持续发展，越来越多文本的不同版本在墓葬中被发现，且能够清楚地加以断代，这也为我们提供了了解经典著作某个版本的一条直接途径。但是，这也马上会引出这样一个问题，即考古所发现的版本与后世通过注疏而加以传播的书籍版本有着怎样的关系？许多人会认为"文本"（text）这个概念本身必须加以修正：我们更应该考虑到著作传播过程中的不同学派或者学术传统并没有单一的原型，不同学派或者学术传统中间并不存在需要现代学者去设法还原的原始版本（Urtext）。即使我们能用碑铭资料和考古资料来补充文献证据的不足，以便弄清文本的起源和文本力图描述的历史事件，如何解释文本这个问题依然显得十分严峻。

虽然如此，我们依然可以大体把握一些中国史学的要点。首先，同希腊一样，我们所称的历史编纂学是由更早的体裁发展而来的，如王朝的编年史、历书、年表[15]，尽管在古代中国的

---

15 中国的历史编纂学导源于或者说至少在很大程度上起源于占卜行为，这种占卜行为可以追溯至商代的甲骨文，甲骨既被用于做出预言，也被用于记录事件的结果，由此近似档案文献，关于这个问题，可参见汪德迈（Vandermeersch, 2007）。

分类体系中,并没有与希腊的 *mythos* 相一致的文类——这一文类意味着虚构,并且可以成为与正史、信史相比较的书写类型。中国第一部通史著作是《史记》,是由司马谈和他的儿子司马迁在大约公元前90年编成的,此书在一个明确的、以年代排序的架构下叙述了以往一些主要的朝代。[16] 但是,《春秋》一书为以年代次序记录事件提供了一个先例,《左传》,作为注释该文本的著作之一,又提供了一个描述过去的模范之作——此书对成功或失败的原因作出了评判。《左传》一书显然既用到了口述资料,也用到了书面资料,于是如今我们若要对此书的资料来源条分缕析——若能做到,对于我们有效利用此书所提供的史料显然颇有益处——便会存在困难,或者说几乎不可能。《左传》和其他注释《春秋》一书的著作,与其说是在致力于为历史事实建立一种可靠的描述,不如说更加在意文学或修辞的风格,在意《春秋》一书所呈现的巧思妙构的故事及其对劝世功能的探寻。因此,尽管《史记》一书从一些对于过去事件的先期论述中受益,它还是具有高度的独创性。即使像《汉书》的作者班固这样的后世史家,批评了司马迁的写作风格、思想倾向以及所谓的"疏略"(inaccuracy)*——这很像我

---

16 司马迁确实对古代一些颇为荒诞不经的故事避而远之,尤其是那些传说中的王朝,但他并没有辟出一个分类——如西方意义上的"神话"(myth)——来处理这些故事(参见 Lloyd, 2002 : ch.1)。

* 班固对于司马迁的评价,见于《汉书·司马迁传》,原文如下:"汉兴伐秦定天下,有《楚汉春秋》。故司马迁据《左氏》《国语》,采《世本》《战国策》,述《楚汉春秋》,接其后事,讫于天汉。其言秦汉,详矣。至于采经摭传,分散数家之事,甚多疏略,或有抵牾。亦其涉猎者广博,贯穿经传,驰骋古今,上下数千载间,斯以勤矣。又其是非颇缪于圣人,论大道则先黄老而后六经,序游侠则退处士而进奸雄,述货殖则崇势利而羞贱贫,此其所蔽也。然自刘向、扬雄博极群书,皆称迁有良史之材,服其善序事理,辨而不华,质而不俚,其文直,其事核,不虚美,不隐恶,故谓之实录。"

们所发现的希腊史家式的竞争性,《史记》依然成了所有后世中国编史工作借鉴的重要典范。

其次,由《史记》发端的通史著作为后世历朝历代的历史著作所接续,自《汉书》以降承续不断,但通史并不仅是我们所认为的历史。除了历史事件的描述、历史上许多个体的传记等内容,通史的内容还包括诸如历法、天文乃至水道、"地理"(geography)[17]等多种科目的志书。这并不仅是因为作者对这些科目有兴趣,还是为统治者、官员或者任何一个渴望做官的人提供对他们治理国家而言最为重要的信息。这些通史中的志书的存在并不仅是为了文学上的自得其乐,而是志在提供指导,并不仅与过去相关。[18]

第三,大部分通史的作者拥有官方职位,甚至有时候写作本身是受命而为,这影响到其著作从本质上而言是否可称为史家之作。在此,我们可以对中国史官概念的逐渐浮现略加梳理。司马谈和司马迁都官居"太史",不过他们的本职工作与其说是编史,不如说是天文历算。按照《后汉书》所载(25:3572.1ff.),"太史令"的职责在于:(1)主管历法;(2)为国家的重大活动选择良辰吉日;(3)当吉利或者不吉的征兆出现时,

---

17 中国人所使用的"地理"(earth patterns 或 terrestrial organization)以及"州郡"二词在多大程度上与西方意义上的"地理学"(geography)相同,仍存疑问。参见 Dorofeeva-Lichtmann,1995,2001。

18 因此,《史记》及其后继者展现出了通史写作极为复杂的多种作用。在不同的情况下,这些通史著作的撰作目标包含了我在上文指出的所有可能的历史写作目标(见本书[边码]第60页)——有时目标指向不同,有时则是不同目标占不同比例,但可能不包括我所指出的第一种目标,即娱乐,也可能不包括我所指出的最后一种目标,即兰克所主张的绝对的如实直书。

形成中的学科

将其记录在案。*所以，他们撰作《史记》一书，更多地是出于个人的雄心壮志，而不是受命所作，正如班固后来受命撰作了汉代的历史那样。

　　史家的官方角色所带来的不足之处显而易见，因为在这种情况下，史家便不能公然引起当权者的不快。但与此同时，得益于官方的角色，官方历史学家也能够触碰到私人所不能看到的资料。司马迁曾提到，他自己可以进入官方的档案馆内。他数次抱怨其中许多资料丢失了、被毁坏了，或者是被错误理解了（《史记》，130：3288，3296，3319），然而他所能获得的资料已经足够丰富，相比希罗多德这样的史家，这些资料已经足以使他在研究过去的工作中占据有利得多的位置。可以获致的档案资料的大量积累甚至可能是汉代以后中国历史书写大量增加的刺激因素之一，尽管到了唐代，私人的史学著作或多或少地被淹没在国家赞助、集体协作的官方史学之中。

　　然而，第四，那些历史学家的官方职位并没有妨碍他们独立提出带有批判性的观点。正如我曾指出的，从中国文化的早期开始，就有一个很强的、对统治者进行告诫或言进谏的传统。直率地批评君王，后来则是批评皇帝，被认为是十分危险的举动，而且事实上许多直谏的臣子——其中包括多位著名的历史学家，如班固，都为他们的独立思想付出了生命的代价。当司马迁在汉武帝面前因言获罪时，他接受了耻辱性的宫刑而

---

* 根据括号内的注释可知，作者所参考的是中华书局版的《后汉书》。《后汉书》关于"太史令"职责的描述，见于《后汉书·百官志》（志第二十五·百官二），原文如下："太史令一人，六百石。本注曰：掌天时、星历。凡岁将终，奏新年历。凡国祭祀、丧、娶之事，掌奏良日及时节禁忌。凡国有瑞应、灾异，掌记之。"

没有自杀,他告诉人们,这是为了继续他父亲的历史写作。

然而,中国人还发展出了不直接对当权者进行批评的复杂技巧。对过去的政策和行为发表负面评论是间接表达不赞同当下政策和行为的有效途径。《史记》记录了司马迁与一位重要官员的对话(《史记》,130:3299,另见《汉书》,62),在其中他当然承认,不同于以往的惯常情况,在他所处的时代,"天下"由一代明君汉武帝执掌,但他仍说,将汉武帝的伟业记载下来并传诸久远,仍然十分重要,从某种程度上讲,这也是他在为自己所撰的历史寻求正当性。* 但是,这并不是他所做的全部工作。在《史记》正文(18:878.4ff.,另见6:278.9ff.)中,他还曾指出从过去的史实中学习是解锁"同时代成功与失败的一把钥匙"**。司马迁从未公然声称此书是"后世永恒的财富",但是此书不仅为当世读者而写,更是为未来的读者而写,而未来的读者将从他所描述的史实中获得教益。可能正是出于这个原因,他将《史记》的一个副本存于一个档案馆,即他所称的"名山",而将另一个副本保存在京师,他自己表示,这是为了"等待后世的圣贤与学者"(《史记》,130:3319—3320)***。

中国的历史编纂学走向壮大并逐渐被确认为一种界限明确

---

* 与司马迁对话者为上大夫壶遂,见于《史记》卷一百三十《太史公自序》。

** 该段引文出自《史记》卷十八《高祖功臣侯者年表》,原文为"亦当世得失之林也",此处为保持作者行文之原貌,故从英文直接译为白话文。

*** 语出《史记》卷一百三十《太史公自序》,原文为"俟后世圣人君子"。

的官方体裁。而在这个过程中,人们为此而不得不付出的代价也是清晰可辨的。面对官方所划定的需求,像司马谈、司马迁曾经表现出的独立思想越来越难以为继,历史在颂扬、合法化当世政权上所起的作用,也日渐盖过了教诲、警示和告诫等编史目标。

考虑到古代历史编纂的多重特点,想就其性质得出简单明了的结论是不可能的,但我依然试图就以上探讨做出一些归纳。在本章开头,我强调了任何试图中立地记录过去的抱负都必须面对的一些根本问题。但是,这世上当然或多或少有着毅然决然追寻中立态度的努力,多少有一些史家与众不同,朝着这个目标坚定不移地努力。我们所称的历史著作显然不是一种定义明确的体裁,而是一系列相似文本的松散集合,其面貌随着著者或者编者的角色或职责而改变,也随着著者或编者所设定的撰作目标或者他人给著者或编者设定的撰作目标而改变,当然也随着历史著作实际用途的改变而改变。

乍看之下,有一些假说看似引人入胜,看似为描述不同古代传统之间的差异提供了一个基本原理,但是一经审视发现根本经不起推敲。就古代的例子而言,在政治体制的性质及其偏爱的历史编纂模式之间,甚至是在历史学家各自的政治观点和他们所热衷的历史编纂模式之间,并不能建立起直接的关联。专制政体自然寻求更多地控制记录其所作所为和业绩的编史工作,而不是放任自流。然而,中国古代的君主政体内部一直以来都不缺乏严厉的、思想独立的批评者。此外,专制君主自身也可能并不仅仅需要阿谀奉承:事实上他们想要了解过去,并且命令历史学家在尊重事实的基础上加以陈述。与此相反,那些生活在民主体制下的历史学家的确不需要刻意剪裁自己的作品,以满足某些正好大权在握的领导者们的需求,但是,他们也总是会不可避免地对民主制度的运作进行过于乐观的颂扬。

  每一位史家的作品必定或多或少反映着他自己的见解,反映着他对于他所描述的那个时代的善恶是非的理解,反映着他的希望和失望。但是,就我们一直在探讨的这些资料而言,其多歧性(heterogeneity)特征主要源自历史编纂给自己设定的多重选择。选择何种方案并不一定由外在因素——如史家的庇护人或可能的读者们——决定,而是也会反映出历史学家的自我形象,他们对于自身责任的感知,对于自身工作的骄傲,以及他们述史时的雄心壮志——不仅志在超越其同行的水准,也志在使自己所撰的历史胜过同类著作,或者志在提倡或者实践一种全新的编史方式。与我的研究所涉及的其他几个学科一样,在编史工作中,竞争性常常是创新行为的重要催化剂。然而,编史工作却又常常被迫陷于传统模式所限定的编纂框架之中,当传统模式恰与官方的要求相一致时,便尤其如此。

  编史工作一直以来最大的原动力有二(在古希腊和古代中国莫不如此):一是铭记史事的渴望,或者说真心实意想要颂扬史事的诉求;二是想以史为鉴并将其应用于当下及未来的愿望。但是,首先,我们便会发现这两者之间存在一些张力,且这种张力至少偶尔会出现。拿第一种原动力来说,歌颂型的编史模式很明显是有偏向性的,相比之下,第二种原动力为了使人信服,必须以不偏不倚为追求。其次,当我们试图在两者之间寻找到某种平衡时,问题也同时油然而生,因为,事实上,从哲学上说,在描述历史事件时,采用完全价值中立的观念框架是不可能的。正如我曾指出的,科泽勒克所构想的规划[*],其基

---

[*] 见上文(边码)第61—62页。

本困境在于，我们能从过去获得什么的关键取决于我们对什么才是重要的所做出的判断——我们可能会从历史的相似性中得到启示，但也可能会被其误导。对过去的历史事件视而不见是愚蠢的，但是假设那些历史事件就一定能为将来提供某种教诲可能也会导致错误的判断。看起来只有极少数历史学家可能意识到了深深植根于他们整个事业中的矛盾性。这在古代是可以被理解的，因为当时需要付出巨大的努力才能确立历史编纂为一种独立体裁。但是，对于这个学科应该如何构成，对于这个学科的目标、方法等问题，即便对于该学科的许多现代从业者而言，许多方面依然悬而未决。此外，历史这一学科彻底陷入一种主观性境地——即便不是纯粹的虚构或者赤裸裸的意识形态——的危险始终若隐若现。

第四章　医学

在本书研究探讨的所有学科领域中，医学可能是其中最不具争议的一个，至少从两方面可以见得。一方面，不管生活在什么地方，人们总是受到疾病困扰，由于疾病的种类繁多，所以人们对于疾病性质的看法各异。另一方面，在面对相当众多的问题时，与疾病的成因和如何治疗疾病有关的、一些可供客观理解的说法是有充分根据的。绝大多数人赞同这样的说法，即相较诸如宗教的或者艺术的体验，世人对疾病的体验更为相似。

然而，这两方面的说法都需要论证。西方生物医学在面对很多诊断和治疗时确实能够给出快速解决问题的办法。不过，西方生物医学也有它的局限——这不仅仅涉及精神疾病。生物医学的早期成果，例如识别出疟疾的成因使之得到控制，让人们觉得似乎它的全盛时期不可避免地即将来临。但直到2009年，人们对很多生理尤其是心理状况的认识仍旧不够深入，甚至缺乏有效的治疗方式。在这种情况下，我们可以理解为何替代医学传统（alternative traditions of medicine）并没有销声匿迹，反而不断地发展壮大。尤其像在印度和中国，替代医学不仅在实践，而且在延续至今、与西方的医院和大学很相似的机构里得到讲授。病人有选择权的时候，他们不必都选择西方生物医学作为最先或是最后的求助手段。事实上，不只是西方医学在世界范围内广泛传播，亚洲医学理论和实践也一样。[1] 本章的目的之一就是探讨现代生物医学和其他医学传统之间的共通点，至少涉及构建及维持精英地位的那些机制。

从目标的狭义角度看，健康可以被定义为关于一个正常运转的机体的问题，这一机体的运转和结构不能偏离统计分析所显示的正常范围。但很少有人会认为这是健康的全部含义。健康还有一层更为宽泛的定义，在当代医学辞典上就有这个词条[2]，即"任何个体都应具备的精神和身体的持续活力"——即便在缺乏确定的诊断条件的情况下，健康也会受到负面影响。有些人甚至认为健康是脱离各种不洁与不净的环境，而不仅仅是指摆脱病理意义上的疾病。还有些人可能会说，真正的健康应该是建立在社会整体环境——即你所生活的社会——上的，在这种情况下，机体的运转就不是主要考虑的因素了。而社会自身的运转则很重要，也就是说，个体或群体在他们认为是欠缺公平和正义的社会中会感到不自在。

因此，对医学的探讨总是会引发针对其他所有事物的讨论，包括对价值取向和道德观念的讨论。但如果我们把注意力集中在疾病和治疗的概念上，就像我在这里将要做的那样，那么就仍旧有许多值得关注的问题需要加以界定。一个不断重复出现的基本问题是：哪些人能够宣称自己知道痛苦的性质、成因以

---

[1] 这在凯博文（Kleinman et al., 1975）对中医的描述中有所记载，对于其他亚洲医学的研究也可参见许小丽与奥格（Hsu and Hog, 2002）、莱斯利（Leslie, 1976）的著作。

[2] 这里我引用了布莱克（Black）所修订的第 41 版《医学辞典》(*Medical Dictionary*)（Marcovitch, 2005: 317）。

及如何缓解痛苦？这里有多种可能性，有些社会中没有医学领域的专家，而另一些社会中则有明确划分的专业人士，并且准入条件十分苛刻。在这种情况下，精英们的角色就显得十分矛盾，一方面他们要深入研究，促进理论分析，另一方面要阻止不符合他们核心假设的创新。

在第一种情况下（通常在民族志文献资料中有所记载[3]），病患自己判断他们是否感到不适。他们自己形成关于自身病因和病灶的看法（等同于诊断），之后他们的朋友、亲属以及群落的其他成员提出他们对此的看法。但归根结底还是由病患自己来判断他们是否患病，同样是由他们自己来判断是否痊愈。第一种情况通常伴有暂时避开群落的日常活动，而后再次融入社会生活的过程。与此同时，他们所接受的帮助，即对他们的治疗，不仅来自个体层面的精神支持和同情，还来自群体活动，此种活动同样表达了团结互助的意识。如果人们普遍认为有恶意的亡灵或敌对的萨满在作祟，他们就会举行仪式对之进行驱赶。

在我转而讲述另一种情况，即那些已经建立起很完善的医学传统的社会之前，我应该先来说说处于这两种情况之间的广泛的中间地带。在绝大多数社会中，特殊的个人或群体由于他们在总体上或者在某方面具备医学知识而备受敬仰。这可能是因为他们在诊断患者的病灶方面比其他人更有经验、成功率更高，更重要的是，他们能更有效地缓解患者的痛苦。那些分娩

---

3 其中一个经典案例是吉尔伯特·刘易斯（Gilbert Lewis）对巴布亚新几内亚格瑙人（Gnau）的研究，参见刘易斯（Lewis, 1975），近来有关医学人类学的研究揭示了不同社会对于生理上和心理上的健康和疾病各种有趣的看法。例如，参见克兰曼和古德（Kleinman and Good, 1985）、林登鲍姆和洛克（Lindenbaum and Lock, 1993）、古德（Good, 1994）、尼奇特和洛克（Nichter and Lock, 2002）。

时的帮手可能是一个特殊的群体,他们所具备的专业技能并不仅限于我们现在所称的助产术。其他一些人可能对药草和矿物治疗有专门学识,还有一些人可能在扭伤、瘀伤、骨折、脱臼治疗方面有特殊技能。

在很多民族志报告中,"萨满"这个术语常被用来指称具备特殊能力的男人或女人,他们可以掌控善恶,包括疾病和治愈疾病的方法。[4]但必须承认,这样的定义通常过于宽泛。在绝大多数情况下,这些能力包括在恍惚状态中与神灵沟通,以及其他灵魂出窍的经验。这种沟通形成了社会常规经验的一部分,它涉及整个社会群体都要参与其中的仪式,这些仪式要在固定的时间进行,以确保神灵世界聆听到群体的诉求。除了在这些仪式上担任重要角色,萨满们还有可能在危急情形下被召来,例如有人患了重病,这时,萨满的职责不仅是告知人们该怎么做,而且要去解决问题。

成为萨满的途径各不相同,但通常来说,他们都是在年纪还很小的时候就被注意到具有特殊能力,然后被鼓励向有经验的萨满寻求指导和帮助,那些有经验的萨满或许会把自己所掌握的通常是秘传的知识,部分或全部传授给他们。但在民族志文献里,很少正式地提及学徒这种说法。初学者的训练很有可能是涉及参加仪式活动和学到某些实用技能,而不涉及口耳相传,在当时还没有书写传统的社会中当然更谈不上什么书本学

---

4 有关萨满信仰的文献非常之多,从伊利亚德(Eliade)的经典研究(1964)到一般意义上的研究综述(例如 Vitebsky,1995;Drury,1996),其中包括对该现象做出心理学和神经生理学方面解释的各种尝试(Devereux,1961a,1961b;Silverman,1967)、对萨满信仰的政治影响的分析(Thomas and Humphrey,1994),还有许多针对特定社会的详细的民族志研究(例如 Humphrey and Onon 对达斡尔族蒙古人的研究,1996)。

习了。萨满的名声好坏主要是看其他人对他们能力的评价,而有些时候,外行人对他们的评价要比群体内部成员对之的评价高。[5] 就像德斯科拉(Descola,1996)的书对阿丘雅族(the Achuar)的记载那样,在许多社会,人们都认为,每当厄运降临,某些人将承担起责任,而这些人通常被认为是直接或间接借助他或她所控制的灵魂而进行活动的萨满。多发的厄运也导致人们更加相信萨满普遍具有超凡能力,并且在特殊情况下更相信特定的萨满。

然而,在信仰萨满的社会里,萨满当然不可能不经批判地轻易得到信任。[6] 对于个人究竟是否具备他们所宣称的能力表示怀疑或疑虑的记载有很多。但是,怀疑某个人的名声并不能等同于否认这种超凡能力的存在。在没有其他理解框架存在的情况下,对后者的否认面临难以逾越的障碍。

诚然,并不是所有的厄运和疾病都能归因于邪恶的代理人(malign agencies),不管这个中介是人类还是超人类。如同刘易斯(Lewis,1975:197)谈及格瑙人时提到的,有一些厄运、疾病"说来就来"。平日里的灾祸,像扭伤脚踝、被踩伤脚趾、普通感冒,也许仅仅被看作不走运。但事实上,人们或许能够认识到,门柱之所以倒塌是因为被白蚁侵食。因而,像这样的

---

5 史禄国(Shirokogoroff,1935)在他对通古斯人的研究中注意到了这个问题。

6 参见史禄国(Shirokogoroff,1935:332ff.,389ff.)的著作。夸扣特尔人奇撒利德(Kwakiutl Quesalid)的故事(Boas,1930:1—41首先记录了这个故事,后由Lévi-Strauss,1968:175ff.加以普及)就是一个如何从最初的怀疑转而成为信仰的典型证证。奇撒利德起初对当地萨满的行为方式持极端批判态度,认为他们在行骗。为了揭穿他们,他到邻村的萨满那里学习了一些技巧,最终发现它们其实是有效的。患者的病情有了显著好转,奇撒利德最终成了一名萨满。

第四章 医学

随机事件完全是"自然而然"发生的。但紧接着会提出的问题就是,为什么白蚁袭击了你家的那根门柱?诸如这样的"为什么是我"的问题因为埃文斯-普里查德(Evans-Pritchard)而变得普及化,人们可能开始将之归咎于某些代理人(人类或是恶魔)所怀有的邪恶目的。

在面对重大灾祸时,包括患上重病,人们通常会寻找一位负责任的代理人。此举遵循的是这样一种模式:人类的行为常通过动机、意图的识别得到解释。从这点来看,我们就更容易理解这种做法了。一旦这种信仰模式得以稳固建立,严格说来,它就不可能再遭到反驳,因为即便存在某些其他的"自然而然"的原因,也不能排除一些代理人对这些自然而然的过程进行干预的可能性。[7]

每个社会都需要掌握大量的有关食物的知识,同时人们的认知也应延伸到药物、毒物领域。这些知识从一个人传给另一个人,从一代人传给另一代人。在几乎不识字的社会,经由口耳相传的内容很容易受到奇思妙想的影响。而在有文字记录的社会,情况就完全不同了,这倒并不是说它们在流传过程中就一定不会腐化变质,或者产生偏见,或是遭到曲解,而是说,在这样的社会里,医学的制度化建设不仅成为可能,甚至成为不可避免的发展方向。

在这些完全没有医学专家、每个人对出现的问题及其原因都有平等发言权社会的另一端,还有一些社会(像我们现在的社会),这个领域的知识掌握在一个范围明确的专家群体手中。这些人或许有或许没有某种法定从业条件,他们可能经过也可

---

[7] 这也是16世纪和17世纪英格兰地区的巫术信仰能够持久不衰的关键因素(Thomas, 1971)。

能没经过正规培训——经由测试或考试——便踏入了这个行当。或许存在或总是存在不止一个声称自己掌握专业知识的群体，这些群体互相竞争，不仅对医学的理论和实践，并且对健康和疾病的概念本身有着不同的想法。但是，进入任何一个精英群体必须被群体内部绝大多数成员接纳，因而，他们在招募新成员时，甚至或多或少都会对他们其后的表现和行为实行严格的控制。

如果我们对产生医学传统的三大重要的古代社会即中国、希腊和印度做一个回顾，那么我们可以发现，它们在各自医学理论和实践上的异同十分相似。在总体上，它们都广泛认同疾病是一种失调或失衡的说法。这种失衡可能是身体内部的失衡——在它的组成物质之间或是在正常过程中的失衡——或是在心灵和身体之间的失衡，也有可能是在人体和环境之间的失衡。最后一种失衡理论表明了这三种古代文明或许都将健康理解为与宇宙和谐共存。健康常常与价值和道德联系在一起。不道德的行为会被解释为身体不好的征兆或是诱因，也常常被描述为疾病。[8]

但是，对于这些相互协调的组成元素是如何被构想出来，以及它们所反映出来的更为普遍的宇宙的或身体的概念和理论，三大社会也存在着很大的分歧。希腊和印度医学都很重视体液（humour）的说法，尽管两者在哪种体液占据主导地位以及它们在身体内部所起的作用——亦即它们是正常的构成元素，还是病原体，或是疾病的终产物——等问题上有不同的看法。也许正是这个相似点使得这两个社会在它们不同的历史时期都产生过交集，不过回溯印度的发展历程很是艰难，因为两部重

---

8 我在谈及古代希腊时给出过文献证据（Lloyd，2003）。

要的经典著作《遮罗迦本集》（*Caraka Saṃhitā*）和《妙闻集》（*Suśruta Saṃhitā*）里的线索都过于繁复。[9]

但对于中国人来说，他们更加专注于过程而不是构成要素：他们有独特的医学观念，这反过来反映了他们对身体内正常和异常相互作用的看法。[10]健康通常被解释为"气"（呼吸或精力）在身体内部的自由贯通，而疾病就是因为这种流通受到了阻碍，或是有致病的逆反性的"气"——"邪气"——的侵入。一些特殊的中医疗法，如针刺和艾灸，都遵循这种观念，尽管我们没有足够的证据来表明这些疗法的确起源于中国。[11]不过，我们也对诸如静脉切开术的技术为何在古希腊如此流行全然不知。[12]这种不同的治疗偏好使得如下的设想变得天真幼稚，即一旦医学达到某种学问实践的地位，世界各地的治疗方法都将趋向同化。事实绝非如此，我需要之后再来讨论这一设想所带来的问题。

虽然我们能够辨识出在这三个社会中以不同形式反复出现的某些主导观念，但任何一个社会在医学理论和实践上都没有

---

9 例如，参见齐默尔曼（Zimmermann, 1987）、齐斯克（Zysk, 1991, 2007）。
10 参见席文（Sivin, 1987）、文树德（Unschuld, 1985, 1986）。
11 夏德安（Harper, 1998）讨论了马王堆医学典籍中有关艾灸和针刺使用方法演变的证据。参见栗山（Kuriyama, 1999）。
12 布雷恩（Brain, 1986）对静脉切开术之所以在古希腊甚至在现代欧洲的某些地方能够长久存在，试探性地给出了一个可能的答案，即由此导致的贫血症能够预防感染疟疾。不管这个假设的前提是什么，这种治疗的普及依赖于一系列的因素，其中包括坚持保守主义的医生在学习医术时认可既定的传统。而对患者来说，他们期待治疗与其根深蒂固的观念相符，即要从体内排除多余液体——尽管一些古代的医生已经对其危险性做出提示。希波克拉底的论著《箴言》（*Aphorisms*, 5.31）就曾告诫人们，对孕妇施行静脉切开术会导致流产。

一个单一而严格的正统说法，即便是在有学识的精英阶层也一样，更别说在这三个案例中还有那些与精英医学持续展开竞争的边缘或次要传统了。尤其是希腊人，他们在疾病的性质、成因和治疗方面的看法基本不一致，而且不仅是基础病理学问题，就连潜在的以指引医疗实践为目的的认识论和方法论也不尽相同。有学识的精英在这些问题上的论述较多，但到目前为止，在我们能够重建的诸如医师、草药师或寺庙行医者等人的观念看来，他们也不乏自己的想法，说明为什么他们的药方可以声称是成功的。在圣殿里，人们认为是神灵亲自降临而治愈了疾病，许多植物治疗也因为以医神阿斯克勒庇俄斯（Asclepius）或其他愈合之神的名字命名而被认为是灵验的。这种多元化的特征并不仅为希腊人所有。古代中国人和印度人在诸多医学问题上也都提出了各种不同见解，但也不会公开地对他们所持的不同观念进行毫无休止的争辩。

然而，这三个社会最终都产生了享有权威地位的医学著作，这些作品通常都会成为教学范本，也是精英之所以成为精英的关键所在，因为要成为精英就必须精通这些经典著作。在中国，最早的医学著作《黄帝内经》写于千年之交。[13] 在希腊，相传为希波克拉底所著的医学文集最早出现于公元前 4 世纪晚期，而它后来在欧洲产生广泛的影响主要是因为盖伦在 2 世纪对他所认为的该书中最为重要的部分，即与他自己的理论和实践相符的内容，进行了重新解释。在印度，我已经提及了"阿育吠陀经"（Ayurvedic classics），即《遮罗迦本集》和《妙闻集》，这两本著作也是学者们历经几个世纪编纂的文献集成。在现代文献学的意义上，这些经典著作中的每一本都蕴含着非常驳杂的

---

13 参见席文（Sivin, 1987）、基根（Keegan, 1988）。

材料,而这些观念不同的分歧点使得现代学者尝试从不同的流派和时段对之做出不同层面上的梳理。但对于那些涵盖医学知识精粹的著作,其中出现的差异并不代表它们相互矛盾,而可能是各种不同治疗方式的集合。

尤其是在中国和希腊,人们致力于对重要的医学概念进行系统化梳理,并且不断地累积医学经验。这两个社会都有坚持对患者的病史案例进行记载的习惯。[14] 这些记录中所使用的术语都不可避免地带有一定的理论含义,并且与它们所具有的传统习俗相联系。然而,这类记录的一个目的是描述患者在各方面的病情及其进程,这样,其他医生就能从中学习到作者自身的经验,尽管它还有另外一个目的,那就是为医生自己的医学专长辩护。在希腊,人们对病例中记载的可能引起死亡的综合性症状给予了特别关注。一些希腊医生受到明确的忠告,不接纳这类病例(就像希波克拉底的专著《论技艺》第三章中所写的那样)。

对于希腊来说,还有另外一个值得探究的领域,那就是他

---

14 关于中国汉代的病史案例,参见许小丽(Hsu, 2002)。关于其后在流派上的发展,参见古克礼(Cullen, 2001)、费侠莉、蔡九迪和熊秉真(Furth, Zeitlin & Hsiung, 2007:pt.2)。病史案例在古代和现代医学中所起的作用形成鲜明对比:在古代医学中,它们的首要功能是记载经验,而在现代医学中更多的是关注特殊病例,而这经常被认为是对所谓基于证据的医学构成了威胁,或者说至少是背离了这种传统。但是,在面对现在可供使用的如此庞大规模的原始数据以及对其做出解释的大量二手文献的时候,这可能是一种试图通过制定某些规则来协助现代生物医学家对病情进行诊断和评估的方法。我们无法否认现有的信息超负荷的现象,但该如何处理这些信息仍旧是个问题。参见萨基特(Sackett et al., 1997),也可参见德卡马戈(De Camargo, 2002)。有关病例的一般方法论问题及其对现代精神病学发展所起到的作用,福里斯特对之做了基本的梳理(Forrester, 1996)。

们使用解剖的手段对人类和动物的身体进行研究。很显然，解剖学是现代西方生物医学训练的一部分，对于这个结论，我们可能不需要给出特别的理由。而事实上，它起源于希腊，并且不止是与单纯的医学课题有关联。[15]第一位系统地施行动物（而不是人体）解剖的希腊人是亚里士多德，他非常清楚地解释了他施行解剖的原因是展示身体结构的形态和本因（final causes），以及呈现自然的美感和技艺。而在中国则没有诸如此类的目的论诱因，他们所施行的人体解剖通常指向实用的目的，亦即在被怀疑是非正常死亡的情况下用来探究死亡的原因。[16]

此外，在希腊，于公元前4世纪晚期、公元前3世纪早期在亚历山大里亚施行的人体解剖引起了一些令人瞩目的解剖学发现，例如神经系统的发现，即便如此，不管是对动物还是对人类的尸体解剖和活体解剖，仍旧与它的目的论（teleology）一样具有争议。许多医生反对这种技术，觉得它对医学实践的意义不大，而在多数情况下的确如此。但是，我们可以发现，盖伦仍旧坚持这样的看法，即在外科手术干预的过程中，必须对身体内部结构如神经、动脉和静脉等知识有一定的掌握，以避免对患者造成不必要的伤害。与此同时，"自然是对神意的展示"这一观点遭到了伊壁鸠鲁学派及其他学派的坚决否认。盖伦也很清楚地认识到，人体解剖早在他所在的时代很久之前就已逐渐停止实施，即便他自己是动物尸体解剖和活体解剖实践坚定的倡导者。

在我所举出的病例和解剖这两个例子中，一般都是由那些有学识的精英倡导开创新的技术，促进新的研究领域的发展，

---

15 我对希腊人在动物和人类的尸体解剖和活体解剖问题上产生的正反两方面看法已做出归纳（Lloyd, 1987：160—167）。

16 关于中国的尸体解剖，参见栗山（Kuriyama, 1999）。

同时使用新的方法来展示他们的研究成果。盖伦所记载的公开解剖案例告诉我们,那些相互竞争的专家在解剖时通过炫耀他们的解剖学知识来揭露对手的愚昧无知。有一次,在公开解剖一头大象尸体时,有人推测某个部分是它的心脏结构,通常在这个时候,意见相对立的双方的支持者和旁观者都会在他们认为是正确的一方押上赌注。胜利的一方将赢得声望,而失败的一方则蒙羞。

这三种医学传统所共有的重要特征之一就是,它们都对某些学说和方法做出详细的阐述。事实上,在我看来,实际发展出来的学说分歧很大,但从传授知识的角度来说,最为关键的还是它们各自对问题的阐述。脉象诊断、体液理论、针刺疗法和静脉放血术的基本原理,这些都逐渐成为医学理论快速发展过程中的研究课题,也印证了在拙著(Lloyd,2002)第六章中出现的所谓"惯性效应"(momentum effect),亦即一旦某个理论或实践逐渐被人们接受并被认为有价值,那么一时间就会出现相当多的致力于对其进行解释和论证的内容。若是从跨文化的视角来看待这种现象,我们能得出如下结论:某些非常行之有效的方法,或者至少是十分盛行的方法,最终都成为阻碍其他替代方法发展的因素。这和我先前提及的希腊数学的情况有几分类似,也就是说,一旦某个推导公式被发明出来,至少从某种程度上来说,它会成为近乎迷信般的先入为主的观念。

由此构建起来的有学识的医学精英阶层具有非常持久的权威。人们或许会认为,他们在施行诊疗的过程中稍有不慎就将毁声夺誉。然而,治疗是否有效常常是个非常主观的问题。即便患者不幸死亡,医生可能也会声称已经尽了全力。相反,有时患者和医生会勾结串通,伪造一起成功治疗的案例。更有甚者,在希腊和中国也常常发生这样的情况:医生在对患者进行诊断或是治疗的过程中,意识到自己有所疏漏,他们可能会将之归咎于自己对原理的错误运用,而不会怪罪于原理本身。而承认失败恰恰能反映出他们严谨踏实的作风,相较于坚持认为自己没有过失的做法,这样更能赢得患者的信任。[17] 在一些希腊文本中,当失误被记录下来,作者会注明他这样做是为了帮助其他人避免重蹈覆辙,例如在公元前 5 世纪的著作《论关节》(*On Joints*)的第 47 章里,作者就注明了,先天性的驼背无法用普通的压缩方法来治愈。他曾尝试多次,但没有一次能够成功。认识到自己的错误可以说是医学实践得以不断改善的最重要的第一步。

强大的博学医学传统一般都珍视自己的声誉,不鼓励异议:那些被精英阶层接受的人通常都不会去挑战曾经引导他们入门的传统核心价值观,当然也有例外情况发生。[18] 然而,在

---

17 我在他处(Lloyd, 1987:ch.3)讨论过一些希波克拉底学派的作者之所以记录下他们的失误的原因,部分可能在于他们想将医疗报告的真实诚信与寺庙医学的过分夸张形成对比,因为在埃皮达鲁斯(Epidaurus)以及其他地方的圣殿,我们可以看到那些铭文记载的病例都揭示了治疗获得了百分之百的成功。

18 特别是在希腊,不同的学术传统之间竞争激烈,与此同时,它们与某些边缘群体(如根茎切除者或卖药者)之间也存在竞争关系。早在希波克拉底时期,有抱负的人就想方设法建立个人声誉。在希腊化时期,各种不同学派或宗派开始活跃起来,各派别通常以某位医师的名字或是根据某种方法论命名,比如希罗菲卢斯学派(Herophileans)、埃拉西斯特拉图斯学派(Erasistrateans),还有"经验派"(Empiricists)或"唯理派"(Methodists)。从一个群体脱离加入另一个群体,或者甚至是自己创立一个派别都很常见,比如唯理派就是由一位脱离希罗菲卢斯信仰的名叫"科斯的菲利努斯"(Philinus of Cos)的人自创的。对希腊化时期医学最为简洁明了的论述,可参见冯·施塔登(von Staden, 1989:ch.1)、努顿(Nutton 2004:chs.9, 10)。

我所讨论的三个古代社会中，都存有非常重要的多元化因素。正如我已经指出的，专业的医师通常会面对那些被他们认为是幼稚无知的个人和群体，但这些人仍旧能吸引到病源，有时人数还不容小觑。宗教治愈的传统在希腊一直非常盛行，一直到异教的古典时期（pagan antiquity）晚期，而挨家挨户推销魔法和咒语的人则常常被认为是江湖骗子，只有"医神"信徒（the cult of Asclepius）除外。[19]这也促成了宏伟壮观的圣殿和少数学识渊博且成就卓越的公众人物的出现。这些人中包括2世纪的演说家埃利乌斯·阿里斯泰德（Aelius Aristides）。在欧洲，当人们将异教神祇和英雄作为医治者的信仰消退时，他们的角色功能转而被基督教的圣人和基督本人取代。这并不意味着否认神灵在治愈（甚至是引发）疾病上的可能性，而是将这种信仰纳入并限制为唯一真正的信仰。

植物和矿物治疗的知识从未被精英阶层的医学从业者垄断。即便他们会通过对植物进行专业分类和对它们的各种功效做出复杂的解释来掌控这些疗法，但在我所涉及的三个古代社会中，还是有很多普通人，他们就像民族志文献里记载的那样，凭借纯粹的经验践行传统的或是个人的疗法。在近代早期的西方医学中，占据主导地位的盖伦学说所面临的最大挑战之一来自卡尔培波（Culpeper），他引起关注的地方在于其对植物疗法的了解，因为他认为这样更细致入微的观察与不断实践的经验密不可分。他以本国语言书写药典的方式打破了传统，并运用占星术理论及参考药草与行星之间的关联对自己所掌握的专业深奥的知识发表了独到见解。早在古代希腊晚期，就持续存在着相互较量的两种观点：一种是更为偏向理论的盖伦模式

---

19 我讨论过这个问题（Lloyd, 2003 : ch.3, 8）。

（Galenic schemata），它将植物和矿物疗法归入基于四元素和体液说的自然哲学理论的范畴，而另一种则在狄奥斯科里德斯（Dioscorides）那里得到了表现，从某种程度上来看，他是按照植物可能存在的疗效对它们进行分类的（Scarborough and Nutton，1982；Riddle，1985；Touwaide，1997）。

同样，在中国，生活在16世纪的李时珍在医学领域做出了很大贡献，他既在保存知识，也在创新知识。他所收集和整理的《本草纲目》涉及植物的疗法，也为后来的医学发展开启了无限广阔的新空间。[20] 和狄奥斯科里德斯一样，他记载的很多内容其实是当地的传统，只是长久以来被人们忽略和遗忘。在古代和近代早期，精英阶层的医师如果抱有谦虚的态度而不自以为是地坚信自己比那些并不专业的对手知道得更多的话，他们就可以从民间医学那里学到很多东西。诚然，从某种程度上来看，这一点仍旧是真理，时至今日，人们还在不断地对遍布在世界各地的不知名的药草疗法的功效加以研究。

尽管正如我在本章一开始就说到的，现代生物医学获得了非凡的成功，赢得了很好的声誉，但我们在古代医学中所常见的模式，亦即身处精英阶层的业内人士与多少有些处于边缘的群体之间的某种张力，在现代社会仍然存在。一些实际上在与现代医学进行争辩的非医学专业人士认为，他们担负着与医疗极为不同的一系列其他责任。我提起过精神病学案例的问题，福柯在其一系列精彩的研究中（1967，1973，1977）指出了近代早期在理解和治疗那些被贴上"疯癫""狂乱""失去理性""精神错乱"标签的人们的时候所产生的戏剧性变化。现今

---

20 有关于这个问题的讨论，参见梅泰理（Métailié，2001）。

的心理学家们也依照这些精神疾病的严重程度对其进行分级,[21]而在另一些机构,同样的人群可能并没有被当作需要得到治疗的病人,而是被当作即将交付审判的罪犯来对待。[22]

这些病例的后续处理工作会随着接管机构的不同而从根本上产生不同,而治疗的最初阶段一般都会包括对身体采取约束措施。有时,各种不同的机构几乎都会在治疗和惩罚这两者中选择其一,而在很多情况下,不同的机构对于病例的性质有所争议,对其症状产生全然不同的解释,继而告知病患有相关领域的专家,以使病患接受所在机构的治疗。由精神病学专家负责病例时,物理治疗——例如药物和电休克疗法(ECT)——可能可以有效地令病患镇静但对治愈疾病来说效果甚微。然而,对于这些疗法为何会起到这样或那样的作用,我们很少能够理解个中原因,正如我们起初就不能完全解释精神为何失常那样。在古代社会,对身体采取约束措施的手段显然要简单得多,而且经常达到残忍的地步。[23]而一些古代医师认为,就病情和病患者做充分交谈,对患者最有帮助。这种"用语言治疗"的方

---

21 正如鲁尔曼(Luhrmann,2000)所指出的,精神病案例的严重程度通常是精神病学专家在面对病患寻求治疗时所关心的首要问题。更有甚者,他们经常受到来自病患或其家属的压力,一旦有情况表明他们低估了患者病情的严重程度,对方可能对之提起诉讼。对于病患来说,他们知道一旦他们谈及有自杀倾向,就会得到更多的关注和更及时的治疗,也可能包括住院观察。

22 哈金(Hacking,1991,1992b,1995)的书中首先提及了一种身体、精神或社会失序的新范畴,这在诊疗过程中经常能见到,现已得到明确的认知和标识,该书也列举了诸如虐待儿童和多重人格障碍的案例。

23 这不仅是我们做出的评价,也是古代人所持观点的反映,例如,4世纪的希腊唯理派医师奥勒利努斯(Aurelianus)曾抱怨,对那些被诊断为疯癫的病患所采取的很多常规治疗极为粗暴。患者们被锁住、关在黑屋中并受到鞭笞。但他也承认,对有些患者必须采取捆绑的措施,而他坚持认为在看护的过程中不应对他们有所伤害。参见劳埃德(Lloyd,1987:25—26)。

式很符合近代精神分析学的某些特征,[24] 而支撑后者的理论体系则是全然不同的,对于前者来说,它所能感知到的成效依赖于医治者的魅力以及患者在与看护者的交流过程中建立的自我认识。

把任何一种古代医学与现代生物医学做比较都未免有些牵强附会,因为后者是在前所未有的学科基础上建立起来的,它包括物理学、化学、解剖学、生理学,更不用说还有分子生物学了。但我们应该认识到,任何一种专业的医学传统都有它们自己的一套辞藻华丽的详尽说明来自圆其说,也会发展出一系列的论证手段用来说服对手,驳斥异议,它们通常为面对这些问题的精英们提供了一个架构缜密的理论基础。我们不该低估那些掌握传统中国、印度和希腊医学的人们所能带给病患的信心,作为传统的继承人,他们被认为能够传承到某种能力或至少是具有某种潜力。从心理学角度上说,病患会信服于医生的权威,当医生告知用了什么疗法能减轻他们的病情时,他们通常会感到安心。

的确,医学不单纯是一个心理学的问题:有时,我们可以用结果来对其进行评判,而我们所讨论的其他一些学科,如哲学或历史学(还可参考关于艺术的第五章)则没有这种评判方式。我们研究了学问如何构成、博学的从业者如何获得权威,而医学与我们从这里面发现的东西有许多相似之处。在医学领域,我们可以很清楚地看到人们采用某些方法追求明显的疗效,如果这一点能够成立,[25] 那么,医学走过的历程充分证明了:医学通过内

---

24 希腊的"用语言治疗"是莱恩·英特拉尔哥(Laín Entralgo,1970)所做的经典研究的主题。

25 不过,如同我已经指出的,怎样评价疗效通常仍是具有争议的话题,无论是医患之间抑或两个群体的内部都是如此。

在于学科传统的某些方式（也就是说，依靠对学科传统总体可靠性的预先接受）收获的合法性同样发挥了作用。盖伦学派、传统中医和阿育吠陀医学这三种医学体系都围绕着它们各自的医学文献的发展而壮大，这些详尽的资源给予它们非常坚实的理论基础，为它们的长盛不衰保驾护航，而处于社会边缘的外人无法轻易对之提出疑问。

如今，现代生物医学已经获得了公众和法律的认可，但它会继续面临其他从业者的挑战。在古代世界，不管是什么样的医生都得努力使患者相信，他们所掌握的知识和技能可以治愈患者的疾病。然而，许多古代和一些近代的医生都认为，赢得患者对他们医疗技能的信任不仅仅是说服他们接受治疗的首要环节，或许也应该是治疗过程本身的一部分。现代生物医学也存在两难处境，那就是医生所阐述的观点、解释和理论越是深奥，他们在大部分患者的心目中就会戴上越发神秘的面纱，或至少会产生更难以接近的感觉，而此时患者在面对摆在他们面前的选择时也许会感到无助，甚至意识不到他们可以做出选择。[26]

所以，如果我们返回到最初的问题再来探究医学是什么，我们可能需要对生产者和消费者加以区分。其中一组生产者吸收了近代生物学成果而树立起权威，而其他从业者也会表达或已经表达了他们的信心——自己所采取的医疗手段是正确的，并认为他们对健康和疾病是有真正了解的，患者的福祉是他们所牵挂的问题。即便如此，在21世纪某些时段的工业化社会，那些其他的群体在发表言论时所依仗的"威信"并没有达到与

---

[26] 贝茨（Bates, 2000: 517）甚至认为，在我们的现实世界里，"有效性和对患者友好性这两点在某些方面看来可能是相互排斥的"。

现代生物医学一样的水平和高度。

如果我们转而从消费者的视角来看问题，首先要记住的就是，一些社会根本不承认所谓的医学专家。其次，在其他一些社会中，医疗手段的选择性有限。再次，一旦有所选择，并不是所有人都会追随生物医学所代表的最佳疗法，不管是总体上还是在特殊情况下。消费者都得面临艰难的决定，他们得多少掌握些相关信息后才能做出去找哪一类医生求诊的选择。他们不仅会参考当前盛行的观念和做法，也会考虑他们自己或熟人传授的经验。他们或许会感到非常高兴，因为他们不仅能够针对不同的病情采取特定的诊疗方式，也能够针对同一种病例更换不同的疗法。对一些人来说，他们首要考虑的问题或许是，治疗方式是否合乎他们的期待：也就是说，按人类学家的行话来说，[27] 他们可能更多地关注得体与否，而不是功效如何，尽管两者的区别在得体的过程被证实确有其效之时会被打破。在这种情形下，如果治疗按照它原本应有的方式进行，就足以符合患者所认为的正确的想法。于是，实现这样的标准成为人们要求的唯一有效的方式。

生物医学的从业者在经过一系列的训练之后，能够对患者进行全面诊断，其他医学流派的从业者也能够基于不同的标准做出同样的事。但是患者有他们自己的看法和感受，他们知道哪些医学专家可能是无知的、误导人的、骗人的，甚至是神经质的代名词，而哪些则是从患者即消费者的角度出发来考虑问题。毋庸置疑，生物医学仍会依据其自身要求在技术上寻求更大的进步。但是，生物医学所阐述的病例与患者个人所感知的

---

27 这方面的区别参见坦比亚（Tambiah，1968，1973），在下一章中我还会讲到这个问题。

病情不匹配的现象不可能被完全抹去。如果这样，其他医学方法在其精英或多或少的鼓吹之下，或许能继续在一个问题——"真正的健康是什么？"——上见证人类见解的复杂性，因而，如果还有人认为生物医学完全不需要向它的"对手"学习，那真是愚蠢的想法。

第五章 艺术

什么算作艺术——更不用说优雅艺术,在西方世界内部,就此问题争论不休并将延续下去时,人们可能会问,对于我们西方所称的审美体验,还有达成一种统一跨文化的描述的希望吗?这里我们仅列举新近一些重要评论者的名字,如古德曼(Goodman, 1976)、格尔茨(Geertz, 1983)、布迪厄(Bourdieu, 1984)、伊格尔顿(Eagleton, 1990)、盖尔(Gell, 1998)以及平尼和托马斯(Pinney and Thomas, 2001),在这些人的著作里,我们会找到形形色色普遍不同的理论,这表明在如何对待该问题上尚缺乏任何一致的看法。一些人关注上述问题的政治、经济和意识形态维度,而另外一些人则力图将艺术置于一般性的象征体系理论的轨道当中。但所有人都以不同的方式强调了西方美学范畴在跨文化应用中的种种困难(Ingold, 1996)。

在本章中,我的策略是从具体背景入手,日复一日世俗的、定量的评估在此背景中进行,也即艺术的商业售卖。接着,我将简略地考察欧洲和其他地方在艺术生产和鉴赏方面业已发生的一些深刻变化。最后,通过西方观点和非西方观点之间一种想象的对抗,继续检视跨文化的比较能够在什么样的基础上进行。在本学科里，我们所研究的精英首先由艺术家——画家、雕塑家和建筑师们——组成，其次是由制造时尚和影响旨趣的鉴赏家们组成。与此同时，在这两种情形中，两种类型的精英内部的竞争性催生出革新的压力，尽管在传统的创作风格和传统的审美评判占据主导地位时，革新性毫无疑问会受到囿限。

不仅在西方，在诸多工业化社会中，艺术都是受到高度重视且价格高昂的商品。无论是欧洲的、印度的、中国的、日本的、非洲的、中美洲的、因纽特的，还是过去的和现在的，但凡著名的画家和雕塑家的作品，都在遍布全球——纽约、伦敦、东京、上海、孟买——的拍卖行里以巨额的价码进行买卖。画家们把自己的作品送给餐馆老板以支付饭费，这些作品的价格足以支付第三世界国家那些有幸受雇的劳动力数百万小时的劳动报酬。

与此同时，在商业市场之外，没有任何一座有自我尊崇感的大城市没有自己的博物馆，为了游客们的愉悦和教育熏陶，它们在负担得起的前提下展示尽可能多的世界艺术精选作品。对于重要的艺术作品，博物馆商店会备有复制品和图解说明以及海量书籍的节选，这些书籍是专门为帮助读者理解和欣赏他们看到的作品而撰写的。这些信息告知游客们，作品应被分入哪个流派、这些作品培育出的创作风格，以及已知的艺术家们的生平细节。因此，任何人都能够变成懂点儿皮毛的鉴赏家——尽管不是一个能与有自我风格的真正专家匹敌的鉴赏家，后者的意见是决定被买卖作品的价格，以及当代艺术家和过世已久的艺术家流行起落的重要因素。

鉴赏家是一个利润颇丰的身份，当然它也承载着自己的责任和风险。鉴赏家被召去鉴别一位大师作品的真伪，成百上千甚至数百万美元或许就系于一纸鉴别意见,鉴赏家必须抵制诱惑,以免不适当地受到这些考量的影响。他们作为鉴赏家的声誉取决于他们的同事和他们自身,因为"做出正确评估"符合他们的利益。然而,那些"发现"一个新的或遭忽视的时期、运动或流派的人,力图说服他们的同行及少数富有的赞助人,正在被谈论的作品是迄今尚未被认识到的杰作,凭此大发其财。一个西方例证是伯纳德·贝伦森(Bernard Berenson)在20世纪初的数十年里"发现了"意大利早期尤其是佛罗伦萨和锡耶纳的油画,并通过鉴定这些及其他艺术作品为真品,同时通过他负责的委员会把它们卖给富有的美国和欧洲的收藏家,赚取了大量的财富。但这并不仅仅是一种现代现象,也不仅仅是一种西方现象。如克莱格·克鲁纳斯的著作(Craig Clunas, 1991, 1997)表明的那样,在16、17世纪的中国,一些收藏家和创作者,尤其是诸如高濂和文震亨等个人以及王氏家族成员,成功地提升了中国某些书法家、画家和陶瓷家的声誉。碰巧,他们先前已对这些人的作品投入了重金。他们因此一箭双雕:这些作品的价格扶摇直上,他们自己作为旨趣裁决者的威望同样如此。

只要有艺术市场的地方,关于不同作品的相对质量问题就很容易引起争论,而答案往往取决于强有力的说服者。在艺术品方面有事实上的客观标准吗?一件特定的作品在即将到来的拍卖会上会卖出什么价,有时候能被公平、精确地估计出来,但价格随着时间的流逝也容易出现大幅波动。拍卖商千方百计力保价格不降,某种程度上他们所依赖的鉴赏家也是如此。但在鉴赏家圈子里,不同的观点彼此竞斗,这会在短期内破坏任何稳定的一致观点,更别说中期了。

但如果说好的艺术争论纷扰,那么艺术本身亦复如是。画家和雕塑家本身，以及艺术批评家和就他们著书立说的哲学家，都能够导致艺术定义的重大变化。19世纪印象派反抗学院教授的、由法兰西学院（French Academy）制定颁布的艺术风格，是其中最闻名遐迩的例证之一。但还有许多其他例证。一个较早期的运动，即浪漫主义流派运动，无论在绘画、音乐还是文学领域，都坚持技艺和天赋的结合，与传统的经典艺术迥然有异。但正如柏拉图很久之前说过的，非常恰当的说法是，艺术灵感与疯癫有某种程度的联系（尽管柏拉图坚持说疯癫应当具有神性的基础）：问题在于鉴别真正的灵感。更早时期，文艺复兴时代的画家和雕塑家推翻了怎么描绘人体的传统惯例，古希腊和罗马艺术史或多或少处于不断变化之中，因为新技巧不断被发展出来，新表现风格受到青睐——通常是在保守派的反对下。柏拉图认为，音乐领域的变革侵蚀了道德基础，威胁了国家的良好秩序。在《理想国》（*Republic*，424c）里苏格拉底说道："向一种新型音乐转变可被看作对我们全部财富的危害。因为在没有扰动最根本的政治律令（*nomoi*）的情况下，从来不会擅动音乐调式。"（参阅 Barker，1984：chs.7，10）[1]

尽管对仿效的强调确实是一个西方现象，但自我意识的变革不仅是一个西方现象。自5世纪以降，一系列的中国作者就什么让绘画变得有效，什么赋予画作力量、效用等问题进行了理论化的阐释（Jullien，1995：chs.4，5）。诸如张彦远（9世纪）等唐朝作者颇具影响的研究，讨论了不同类型主题应采用的绘画风格，且对后来的创作产生了深远影响。表面上看，这

---

[1] 一般意义上的"美术"（如我们所称的）并没有系统地与"技术"一词所能涵盖的所有其他工艺、技艺和技术过程区分开来，这让评估古希腊人对诸如绘画、雕塑和建筑等领域变革的不同态度变得很复杂。但音乐被视为公民教育的基本科目。

些变革相对容易被理解，类似于我们上文讨论的西方的旨趣变化、时尚变迁，以及创作者和审美专家们对其他观点的影响。但如果我们考虑到中国的范畴——"图"，更远点的概念边界出现了。无论如何，"图"与"画"有密切联系，但在我们的中国材料中，被称为"图"的东西，从天体图（cosmograms，代表宇宙的创造力量，象征性的或有魔力的图标，譬如用于引导知识传授到启智）一直到建造诸如缫丝机等各种人工物品的工艺性插图不等。

因此，"图"这个中国范畴横跨两方面：一方面是装饰性的或审美性的，另一方面是教育性的或教学性的。新近由布雷、多罗菲瓦-里奇曼和梅泰利耶（Bray, Dorofeeva-Lichtmann, and Métailié，2007）主编的一系列范围广泛的研究，进一步阐明了从战国时代直至现代业已发生的各种转变，首先是强调这两种功能之间的关系。其次，图最终输于文本，至少在明代文人眼里如此，"图"和带图的书写文本获得了相对重视。这对我们正在谈论的中国与欧洲的"艺术"概念图不尽如人意的比较，以及各种中国范畴与欧洲范畴不断变化的理解，提供了有益的提示。

然而，如果变化一直以来都是艺术生产和鉴赏所特有的，那么从20世纪开始，欧洲的新运动，后印象主义、表现主义、立体主义、野兽主义、漩涡主义、达达主义、超现实主义、后超现实主义、照相现实主义，一个接一个迅即地接续而来，这些经常以旗帜鲜明的宣言揭开序幕的运动，宣称它们为什么是唯一有价值的或具有至高价值的艺术。在此过程中，其他风格有时被贬斥为不仅不是高雅艺术，而且根本不能宣称是艺术。在许多社会里，传统风格在漫长的时期里一直被尊奉为仿效的对象，但同时也存在许多例外。有时候——尽管不总是如此——这些例外与其他针对既有价值观的总体性挑战相伴相行。然而，总体上，学院、艺术学校里或公认的大师们所教授的东西的保守性，很好地映现了这些社会价值观本身稳定性的某些表征。

当今一些视觉艺术家们拒绝创作被轻易归入一般商品类别——能够买卖甚至收藏在画廊或博物馆里——的作品。一些人雕雪或沙，他们知道他们的作品很快会遭到毁坏，借此强调它转瞬即逝的性质（尽管会有感兴趣各方可能会参阅照片记录）。[2] 这种昙花一现性与戏剧或音乐表演不同，在音乐和戏剧当中，总会有可以作为进一步表演依据的一份脚本或一张乐谱，尽管它们从来不能确切地重现个人对戏剧或音乐华章特征的阐释。当然，这些情况引发出的进一步的问题，与不同媒介中艺术作品固有特点的性质问题密切相关。

在批评家和评论者当中，有些人所采取的立场比先锋派实际践行者的要激进得多。有些人坚称，美丽的自然物体（objets trouvés）应该被归入艺术之列。它们的形状和色彩，在审美上与人创作的雕塑同样令人愉悦，因此完全有理由与多纳泰罗（Donatello）、罗丹（Rodin）或亨利·摩尔（Henry Moore）的作品一起在我们的博物馆里占有一席之地。一个如今早已被遗忘的团体甚至表达了更加极端的观点，他们根据自己所采用的口号，把自己称作"N.E.Thing Goes 公司"。按照他们的观点，任何事物都能被看作艺术：它仅须被称作艺术，也就是，它仅须被人认为是艺术，就可以被归入艺术之列。该团体也确实制作了许多标签，其成员将之粘贴到各种物

---

[2] 对比日本花园里沙的使用，在这些花园里，沙的图案被细致地重塑或恢复。原始艺术中的沙画已被学者讨论，譬如古迪（Goody，1995：211）。

体——从沙特尔大教堂（Chartres Cathedral）到破碎的杯子和碟子——上。然而，使艺术门类无所不包，就会夺去其任何区分性的力量。如果任何东西都是艺术，那么就没有任何东西是艺术。

在这个争论阶段，对"什么算作艺术"这个问题的状况愤世嫉俗的评估结果是，虽然艺术市场确切地知道它在做什么，即最大化它作为艺术出售的作品的价值，但这必须放在概念混乱无序的背景下。原先的艺术概念已被有效地贬斥为武断的而被摧毁，取而代之的是一种完全意义上的疑难或困惑。[3]

但是，欲回答"艺术"门类是否或多大程度上可跨文化地应用这个基本问题，我们必须拓宽视野，从尚未沉迷于佳士得（Christie）拍卖行或博物馆价格升降的社会的视角来看问题。毫无疑问，西方的我们看重和欣赏他们的艺术，[4]我们一般假定，我们能够判断不同作品——从大师之作到一般作品——的质量。或多或少异域的雕刻品或纺织品从遥远的角落被带到伦敦或纽约，在我们的博物馆里被欣赏，在我们的画廊里被高价出售。然而，这难道不是西方挪用其他民族文化产品并在此过程中扭曲和错误地理解它们的典型例证？为了回答这个问题，我们必须尽可能多地追溯这些物品生产者和使用者的观点，以避免从

---

3 参见伊格尔顿就后现代主义困境的批评性评论（1990：372—379）。
4 我们更有可能对其他社会演奏的音乐感到困惑，这表明对这一领域评判的标准存在诸多不同之处（参见布莱金［Blacking，1987］在民族音乐学中的跨文化比较讨论）。同样地，在文学中，一般没有十分熟悉掌握某种特定语言的人很难欣赏以该语言写成的诗歌或散文。判定两种不同语言的作品是否属于同一"类型"非常困难，解释特定类型或风格何以在特定社会的特定历史节点得以塑造，看上去经常是失败的。我思考这样一些问题，如为什么希腊人发展出史诗和悲剧，或为什么小说在中国呈现出如此不同的形式。

我们（观察者）的范畴回溯到他们（行为者）的范畴，换言之，尽我们所能，充分利用那些人种志学报告，小心翼翼地避免将西方的诠释加于其上。[5]

列维-斯特劳斯（Lévi-Strauss）在写《野性的思维》（*La Pensée sauvage*）时，用摆在桌子上一张特林吉特人（Tlingit）刻有花纹的棍棒的照片，阐明了对该问题的研究，影响巨大。他像其他人一样坚持认为，需要重构那些被西方太过迅速地称为"艺术"的一切物品的语境。这根棍棒有一个用处：原初的拥有者用它作为武器击杀捕到的鱼。因此，评估它的首要路径是在它的功用方面，换句话说，它作为一种武器是怎样被使用的。然而，用于这个目的，它不需要被精心雕饰或根本无需装饰。我们思考的第二个方面是进行雕刻所用的技艺，第三个方面是被讨论的雕刻象征适合性（symbolic appropriateness），但这三种标准并不必然被截然区分。正确的解释是，为了很好地履行其职能，它甚至应该代表凶恶的海兽。这根棍棒描绘的是一头掠食怪兽，但另一些棍棒描绘的则是用这种工具捕捉的被捕食者。为了理解这种象征意义，人们显然必须对所谈论的社会的宇宙观和价值观有大量的了解。

为了鉴别这种象征意义，借助适当性（felicity）概念是有帮助的，这个概念的使用常与解释魔法和礼仪联系在一起。[6]我们再看第二个例子：斯科蒂提（Scoditti，1990）以及盖尔

---

5 格尔茨（1983：ch.5）特别强调，如果我们要避免仅仅是多愁善感和自欺欺人的"欣赏"，那么沉浸在产生艺术的社会的价值观和世界观中是极为重要的。另参阅盖尔的著作（Gell，1998）。

6 正如第四章所提到的，坦比亚的研究（Tambiah，1968，1973）就"适当性"与"功用性"之间的对比进行了经典的陈述。

（Gell，1990）和坎贝尔（Campbell，2001）研究的基塔瓦（Kitawa）美拉尼西亚岛（Melanesian）航海扁舟船头板上精美的雕刻。这些雕刻是增加扁舟的适航能力，也就是它们的功效吗？这可能不是提出问题的正确方式，毫无疑问也不是接近该问题的唯一途径。实际情况是，这些雕刻是让一艘扁舟成为一艘适用的扁舟必不可少的组成部分，除它在海中如何运作外，还牵涉通盘的考量。扁舟本身在库拉（kula）中被人们使用，所谓库拉，指在基塔瓦社会中占据中心位置的不同岛屿之间的交易圈。在库拉中取得成功，是男人最高的心愿。因此，建造将被用于贸易航程的扁舟，需对其方方面面投入如此之大的心血。精美的雕饰不仅给予投资者和使用者自豪感和成就感，而且它们被精心设计，用以取得压倒合伙人和竞争者的心理优势，通过展示盖尔所谓的"超凡魔力的实体象征物"（1999：166），让他们神驰目迷，使他们心烦意乱。

我们自己社会一个平凡的例证会有助于说明基本的"适当性"观念。无论我们是不是基督徒，我们都不难想到，如果某些象征性行为没有得到适恰的执行，譬如把戒指戴到新娘左手的无名指上或向新婚夫妇抛撒五彩纸屑，教堂里的婚礼仪式就不能得体地进行下去。如今，没有任何人认为这样的仪式真的有助于提高新婚夫妇的生育力，但这个观念很大程度上是仪式源起的一部分。但对基督徒和非基督徒来说，关键不在于教堂里复杂仪式的有效性，而在于它们的适当性，它们满足人们在此种情况下正确且适当的预期，换句话说，即是他们幸福的方式。

就基塔瓦扁舟的例子来说，进一步讲，雕饰是雕刻者及其所属团体技艺和威望的直接证明。成为一名雕刻者，需要经过长时段的学徒期训练，在此期间，这个社会的任何成员都可能试图判断学徒的进步,但只有雕刻师父才能决定学徒什么时候可以真正担当这项工作。刻在船头板上的图案由大量复杂的图文符号构成,按照斯科蒂提的说法,在该社会里,任何人都能品鉴其中某些审美元素,但象征符号的全部意义则是一种特殊的(某种程度上可以说是秘传的)知识,只有专家才能判断。

如果斯科蒂提所说是正确的,那么审美体验在某种程度上能够被社会中的每个人共享,但对工艺真正品质的评估,是掌握在雕刻者自己手里的。[7]这并不排除技艺的革新,因为每个雕刻者都会创造自己独特的风格,但只有他自己的同行团体成员才有资格评论那有多好。事实上,他们构成了一个艺术精英阶层,尽管这一阶层并非社会意义上的。他们依赖于富有的主顾给予他们工作,但当主顾获得一位雕刻大师的服务时,他自己的威望也会得到提高,某种程度上,这明显类似于诸如欧洲巴洛克艺术时代的情形,在此情形中,主顾和艺术家相互支撑,一方是财力上的,另一方则是名望上的(参见 Haskell,1963)。艺术家及其富有的主顾之间存在着频繁的互动,这并不意味着后者能够指令艺术家应该如何从事他们的创作。与此同时,这个精英阶层并非一个排外的群体,力图把外来者阻挡于外。雕刻者——包括斯科蒂提自己的老师——都乐于把自己的技艺传授给他们遴选的学生,但这些技艺是鲜有人能真正继承的。

---

[7] 基塔瓦的情形与富杰(Forge,1967:82—84)所描述的新几内亚阿布拉姆(New Guinea Abelam)的情形之间,既有相似之处,也有对立之处。在这个社会中,关于形式和比例等问题的审美评判被认为是艺术家自己的事,而社会中的其他人则只对图案的功效性感兴趣,这些图案是为了确保社会未来的繁荣而设计的——在这个意义上说,是它们的功能。因此,类似之处是,在这两个例子里,审美品质的最终评判者都是艺术家本身,但不同之处是,根据富杰的看法,在阿布拉姆人当中,这种品质并不是公众关注的。

图 5.1 来自基塔瓦扁舟的船头板
资料来源：Scoditti，1990。

  作为第三个例证，我们采用更复杂的案例，在该案例中，远非仅有一个纯粹功利性的功用在起作用。亚马孙地区许多社会里的人体彩绘已被很好地记录了下来，并颇受激赏，但时常被忽略的是服饰和装扮的信仰关联，正如维威罗斯·德卡斯特罗（Viveiros de Castro，1998）已证明的，这样的实践经常与服饰、装扮联系在一起。[8] 如看上去是一头美洲虎，可能却是一位

---

[8] 比较新几内亚哈根山（Mount Hagen）人体彩绘某些不同的用途，斯特拉森和斯特拉森（Strathern and Strathern，1971）对此进行了研究。在不同的社会情境下，譬如葬礼、战争、仪式交流中，装饰往往传递出社会地位和意图的复杂意涵，这些装饰围绕三个方面变化：（1）精致程度；（2）色彩；（3）结构纹理（Layton，1991：116）。一些独立的元素——无论是单独的还是联合的——相当清晰地区分着意义，尽管有些元素，如黑色、红色、白色，表现出显著的模糊性（Strathern and Strathern，1971：162ff.）。然而，个人可能且在某种程度上必须对使用何种代码做出选择，含蓄地或公开地传递自己希望被他人接受的个人信息。这些是展现的场合，被用于表明个人或团体的角色或地位。在后来的研究中，斯特拉森（Strathern，1979）强调了内在的自我与外在的自我之间的连续性，因而进一步发展了哈根山人体彩绘和简单的美容化妆之间的对比。

化装了的萨满教道士——暂时穿上美洲虎的"外皮"。相反,美洲虎据信偶尔也采用人类的装扮。外形可能是具有欺骗性的,但无论如何它们是重要的,新的装扮、新的服饰可能与个体的新角色相适应,无论这一个体是一个动物、一个普通人还是一位萨满教道士。与这些观念的背景相对,身体装饰绝不仅限于装饰,而是获得一种鲜明的个性——无论是暂时性的还是较长久性的。[9]但是,这种装饰令人愉悦的特征——我们可以肯定地说,它作为一种美而被欣赏——促成了这种转变。[10]作为影响转变的手段且引人注目的装饰,这种多重角色的结合丝毫没有令人感到惊奇,因为在基督教教堂里,一个令人愉快的圣徒形象难道不是增加了信徒们在与这样描绘的圣人交流和祈祷时可能感到的满足感吗?

  对于第四个例证,我需要考察当外来者面对更为丰富的情境时存在的比照和对比。以某个人参访毛利人集会厅的经历为例,这是一个对该部落极其重要的建筑,通常装饰着在非毛利人看来奇怪而充满异国情调的雕刻和织品。[11]我们可以将其与一个非基督徒参观一座中世纪天主教大教堂或一个非穆斯林参观一座清真寺相比较。

---

9 同样,这也受到使用面具的影响,并且它被证实在世界范围内甚至比人体彩绘更加广泛。

10 这并不是说人体绘画者对美的观念与"我们对美的观念"完全相同,只是说,他们利用除其他标准之外的美学评判,能够并且的确在较多令人满意的例证与较少令人满意的例证之间做出区分。德斯科拉(Descola,1996)描述了阿丘雅人针对不同场合描画他们脸部以及从中获得的愉悦感,这些场合可能是一场社交活动和嬉戏玩乐,但这并没有减损其意识的重要性和严肃性。

11 我非常感谢阿米利亚博士就毛利人艺术和艺术的跨文化评估问题给予的建议。关于作为一种机构标志的毛利人集会厅,参见盖尔(Gell,1998:251—258)。

如同清真寺一样，毛利人集会厅的重要性从事实中得到彰显，譬如在进去之前必须脱下鞋子，正如过去不允许未蒙面或穿着短袖衣衫的妇女进入基督教教堂一样——这种禁令在某些地方依然存在。建筑本身经常是简单的长方形，由木头建造，内部有很高的天花板以及雕花的木头柱子和横梁。非毛利人可以毫无困难地辨认出雕刻在从地板到天花板梁柱上诸多半人半兽的形象。但是当然，非毛利人对每一个高度个性化的雕刻形象的名字和意义（起初）一无所知。相反，对毛利人来说，可能的理解范围则要广得多。这些形象与大量的掌故联系在一起，讲述他们的伟绩，揭示他们复杂的人格、力量和势力范围。

柱础之间的沿墙空间，由一组组织品和墙面雕刻占据。非毛利人一定会对雕刻和纺织物中表现出来的卓越技艺有深刻印象，但由于对其意图和目的毫无了解，非毛利人仅把后者看作抽象的图案。[12] 然而，对毛利人来说，这些被称作装饰墙板（*tukutuku*）的织品，是掌故的承载者，讲述着部落和世界的起源，讲述着直至当前一代的英雄和传奇人物的种种行为。这种明显抽象但非常独特的模式，常常被用作此类伟绩的备忘录。一种被称作"信天翁之泪"（*roimata toroa*）的图案，讲述了一位名叫鲁阿卡潘伽（Ruakapanga）的伟大酋长的故事：他租借两只大鸟，帮助波兰加豪（Pourangahau）飞到新西兰；他种植红薯，成为第一个开发这里的人。但鲁阿卡潘伽坚持要慷慨地供养这两只大鸟，这个指令被忘记了，结果是灾难性的——虫害侵袭了红薯。

12　比照博厄斯的著作（Boas, 1955），其第四章论及在全世界许多社会中都能发现的、纺织品和编织品上颇为抽象的图案里涵括的宇宙的象征意义，该书第六章也论及了美洲西北海岸印第安人的宇宙观。

第五章 艺术

另外一幅称作"攀向天堂"（*poutama*）的图案记述了塔瓦基（Tawhaki）怎样攀登到天堂，带回满篮子的知识的故事，但该图案也象征着进步与发展，以确保部落及其成员未来的成功。而且，塔瓦基不仅是一位神话人物，他有后代，他们能够把自己的世系回溯数十代甚至数百代直至塔瓦基那里。这些层面的意义在织品中并没有直接被描绘出来，对于那些相关知识匮乏的观察者来说，它们仅是抽象的图案。

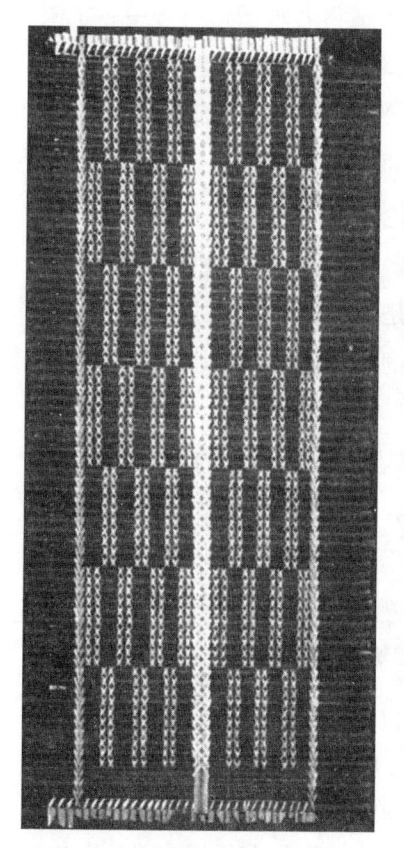

105

图 5.2　织品："信天翁之泪"
资料来源：新西兰蒂帕帕（Te Papa Tongarewa）博物馆（登记号：ME015746/112）。

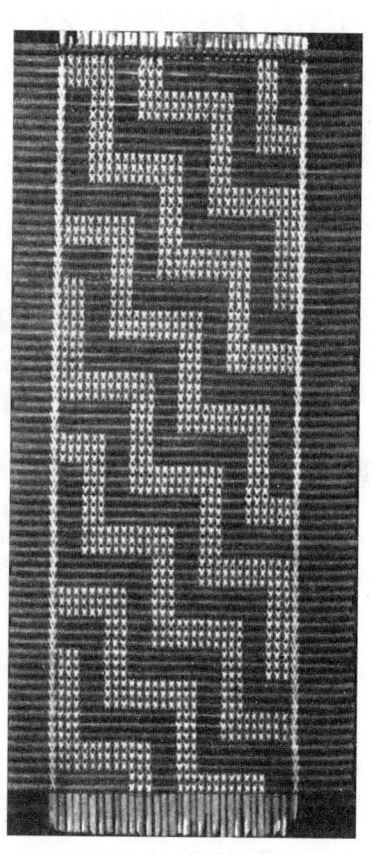

图 5.3　织品："攀向天堂"
资料来源：新西兰蒂帕帕博物馆（登记号：ME015746/115）。

106 但是，如果我们转向欧洲，许多前往中世纪天主教堂的现代游客将同样困惑不解，尽管在这里有一些代表性的人物，任何人都至少能够品鉴部分绘制作品，也就是说，他们可能会辨识出彩色玻璃窗上男性和女性（尽管他们可能是圣徒或上帝本身）的面貌和形象。但这些形象的名字并非总是显示出他们的身份特征，除此之外，名字对外行人来说全无意义。然而，正像在毛利人的案例中那样，他们还要面对象征体系、十字架、基督符号，他们并不理解它们的意义，也不懂得各种图形符号——羊羔、鱼、鸽子——的意义。教堂里的耶稣受难图（能够让信徒复忆基督最后的旅途）甚至不被他们认为是在描绘一段旅程。

我以上构想的这两组体验的共同之处是，在一定程度上且仅在一定程度上，任何人，无论是内部人还是外来者，都能够欣赏这类建筑的装饰，欣赏这些建筑修建中运用的某些工艺技术。但对外来者来说，可能仅是一种视觉愉悦的来源，对内部人来说则是富含着熏陶和教导的一次体验，也是这个共同体珍重的价值观和信仰的一次纪念。

但是，不止内部人与外来者之间所理解的内容不同：内部人所看到的东西也各不相同，外来者对该建筑的总体体验做出的反应可能永远与这个社会里成长起来的人不同——对任何建筑或任何艺术作品（绘画、雕刻、织品、音乐、舞蹈），从未有人人皆有的单一确定的品鉴。我们习惯于承认，我们必须学着鉴赏艺术，训练眼力和听力是一件高度复杂的事情，是一件牵涉与环境实际合作互动的事情（Ingold, 2000）。但这个过程总之始于来自甚至没有受过训练的眼睛和耳朵的基本愉悦

107 体验。[13] 对这种愉悦最初的反应能够发生在任何有美丽事物存

13　这并不是说，"眼睛"或"耳朵"全然不参与其中，相反，两者都深入地被卷入感官输入的积极阐释中，如很久以前格雷戈里（Gregory, 1970）

在的背景中，这给我们提供了跨文化比较的桥头堡。让我们再一次强调，这并不取决于什么东西被认为是美丽的，或这个概念是怎样衍生出来的：相似点是，有些东西或体验比其他东西或体验更令人愉悦而被挑选出来（参见 Tooby and Cosmides, 2001）。

但眼下有两个问题需要面对。第一，受过训练的眼睛可能习惯于某种特定类型的精美物事，并且以特定的风格处理那些未遵循此种模式的物事——它们被拒斥为丑陋的，根本催生不出任何愉悦感。第二，愉悦体验的形成源于那些被认为美的物事，这种范畴不仅包罗万象，与一整套其他的观念和价值观相联系，而且它显然比艺术范畴所指要宽泛得多。

但对于第一个问题，我们理应承认的是，我们绝不能想当然地声称，各个时代的所有民族在视觉领域的愉悦反应都是相同的，尽管有人推想艺术的形成可能存在一种普遍的、生物性的或心理上的起源（Aiken, 1998；Mithen, 1996；Solso, 2004）。我所捍卫的跨文化主张的重点仅在于，我们所有人只在某种程度上对某些物事起愉悦反应。然而，就像我们的眼睛和耳朵需要训练，以便对某些体验达至积极的鉴赏一样，必须说明的是，它们同时也需要被反向训练，以便克服某些因忽略或偏见而成为习惯性的消极反应。

这将我们带到第二个问题，同样地，一个现成的辩护性的回答摆在那里。首先，没有任何证据表明，被视为"美丽的"物事比被视为"令人愉悦的"物事具有更多的普遍标准。其次，

（接上页）就眼睛所作的论断性证明。这一点对科学哲学来说至关重要（参见第八章），但现在仅需指出的是，从童年起我们所有人就从养育我们的人身上开始学习，学习如何回应我们的体验，尤其是——如亚里士多德所说——快乐和痛苦方面的体验。

我们理应承认，给人以愉悦感的物事，要比那些被认为是人类手工艺产品的物事广泛得多。[14] 然而，正如我前面提及的，在艺术体验中，存在着艺术家与观众之间互动的额外维度。资助人力图规定他们的画家应该怎样画是不明智的，尽管这样的尝试经常发生。无论如何，较为正面的效应是，资助人的鉴赏力有助于肯定艺术家们运用创作风格的潜力。换句话说，在此种背景下，创新并不仅仅取决于艺术家的天分，也取决于他们的作品被怎样鉴赏，也就是说，他们得到的积极回应会促进革新。从这个程度上来说，它是一项共同的事务。

我们的范畴显然并不等同于其他行为者所使用的范畴。但这不应促使我们得出结论，即把其他人的体验说成审美体验总是错误的，无论它们是不是审美体验，行为者自身都有一套语汇表，能够与我们通常使用的那些语汇进行某种程度的沟通。有些确实如此，可以援引的诸多例证之一是休斯-弗里兰德对爪哇舞蹈的讨论（Hughes-Freeland, 1997）。她指出，爪哇没有任何用来形容"艺术"之类的词汇，在评价文雅表演时用"粗糙的"（*kasar*）和"精致的"（*alus*）加以区分。对于哪些东西归入其中一种类型，外来者很难做出预测，但我论述的要点是在它们之间明确地做出区分。正如我前面提到的，"原始艺术"实际上被西方人及其他人系统地操纵了。博物馆展示于非洲或南美或波利尼西亚展区的物品，已被剥去了它们原初的背景，即便它们并非偷来的。它们被贴上"艺术"的标签，实际上经常是外来的分类强加上去的，但这恰恰让所有的解释工作——在

---

14 这并非预先假设，自然之物与人造之物间的区别总是很明显，或在不同社会里都是按同样标准来划分，正如诸多质疑自然与文化二分法跨文化应用性的研究已表明的那样（参见维威罗斯·德卡斯特罗［Viveiros de Castro, 1998］、德斯科拉［Descola, 2005］）。

它们的原初背景下解释它们的意义（尽管很复杂）——仍有待完成。[15]

现代的行家可能做出的辩护是，任何物品都能从多种不同的视角，包括原初的制作者和拥有者都没有想到的视角做出评判。尽管这可能是实情，但总是存在推翻行动者自己的分类的风险。正如我已提及的，另一种侵略性相对较少的路径表明，对精美之物的鉴赏时常与象征上贴切、宗教上令人鼓舞、礼仪上恰当、功能上运作良好、内嵌着意识形态的甚至政治上正确的东西深深地纠葛在一起，这并不是说，首要的构成要素不能与其他要素独立地区别开来：审美体验不能被化约为这些其他要素中的某一或另一要素，或它们的结合。当我们在不同地点、不同时间遇到人类创造性的不同表达形式时，我们必须暂时搁置我们关于"艺术"的任何先入之见，准备好拓宽我们对审美体验可能包括什么的理解。但如果我们如是行之，那么关于人类灵感与激情，我们就会有许多东西需要去习知。

因此，在这个讨论的末尾，我们就艺术观念的跨文化应用面临的一些特定困难做出评估。显然，判断什么是美的——无论是自然美还是人类制造的物品之美——所借助的标准变化多端，在不同的共同体里、不同的人之间甚至同一个共同体里不

---

[15] 一些仪式用品，外行人可能会认为是"原始艺术"的典范，而制作和使用它们的人可能会认为是丑陋的完美典型。因此，霍顿（Horton，1965：12）就卡拉巴里人（Kalabari）的雕塑评论道，有证据表明，其中某些雕塑"不仅会引起人们的冷漠淡然，而且还会招致厌恶嫌弃"。因此，人们可以通过将某人的脸与某个神灵雕塑相比较，指称这个人的丑陋，尽管这种比较是与一件雕刻糟糕的物件（也就是与一座由那些不知道怎么雕刻的人所雕的神像）联系在一起的，还有另外一种因素，即这个雕塑不符合当地人的传统或期望。

同的成员之间亦复如是——在同一个共同体里有些人抓住机会，使自己成为行家或品位引领者，或者实际上他们自己就是匠人，是得到褒奖的物品的生产者。

我认为，这种我们能够辨识出的共通性会在更深的层次中找到。美与丑、精致与粗糙、令人叫绝与单调沉闷之间某些区别的某些认知，即便不是普遍的，也是共通的。无论我们在我们欣赏什么以及我们可能会怎样去解释我们的倾向性方面有多么大的不同，这一点都始终存在。

但是，通过对"眼睛需经训练以看到美"这种观念的考察，能够得到的一个教训是，没有任何理由让我们囿限于我们习以为常的西方艺术观中。我们能够就艺术主题取得他者视角的鉴赏，通过学习另一种语言从他者的艺术观那里学习，尽管这样的鉴赏可能永远都不那么完美，并且这样做确然需要付出比通常想象的要艰苦得多的努力，因为它取决于习得新的技艺、新的理解力甚至新的世界观。

因此，艺术以特别引人注目的方式，典型地反映了精英观点与大众观点相对立的问题。与其他关涉价值观的问题一道，这些问题，即它们受到多大程度的挑战，如果受到挑战，受到谁的挑战，在什么情况下受到挑战，可能会被激烈地争论，不论何时，在某种意义上，传统并没有被认为是神圣不可侵犯的。向艺术同行以及更广大的公众传播的需要，为艺术家和那些评估他们的作品能够引领革新的人划定了界限。

至于大多数西方人对艺术的沉思的起点即我们艺术学院和大学里所教授的艺术史，我们必须清醒地认识到，还有许许多多考量也正力图操纵着一种观念，即倾向于赞成某种审美体验凌驾于其他审美体验之上。我们回到开始时谈及的商品性和艺术的商品性。终极的讽刺是，运作的市场力量与我宣称的我们能从中看到新事物的其他社会和时期的艺术之间存在着显而易见的失调之处，那些为旅游业和更大市场而制造"原始艺术"的人，罔顾原始艺术最初被创造出来时所带有的原初价值和丰富的环境背景，加大了这种失调。[16]

---

[16] 在休斯·弗里兰德的著作中，对爪哇舞在面对外部尤其是西方观众时所经历的细微改变，有精妙评论。关于一般意义上的艺术和音乐表演的商品性问题，可参见格林伍德（Greenwood, 1978）、谢泼德（Shepherd, 2002）、考尔（Kaul, 2007）、泰勒（Taylor, 2008）。

第六章 法律

我们不指望法律在每个地方都一模一样。当然，可以在多大程度上宣称有或理应有客观的、普遍的道德原则问题，完全是另外一个话题，我在较早前的研究中已提出了一些看法（Lloyd, 2004：ch.11）。但在文化多样性方面，法律与艺术的相像程度比法律与数学的相像程度要高，尽管我们能够很轻易地找到质疑后者所关涉的同一性假设的理由。在法律观念和执行法律的方式两方面，我们都会遇到令人困惑的多样性。人类并非每个社会都有一套正式的法律体系，但具有这套法律体系的社会通常将它看作适合人类关系秩序的根本和高级文明的标志，其他缺乏这样一套体系的社群比野兽好不到哪里去。然而，这样的观点立刻就会遭到两方面的反对：首先，没有成文法和正式认可的法律官员——法官、治安官——的社会，也可以具有传递正义的完美能力。其次，法律的法典化难道就是纯粹的好事？孔子认为并非如此，其理由是，民众会从良好行为准则的内化和践行美德中分心。如果法律涵盖每一个关乎对错的重要问题，那么就没有多少去思考诸如此类的事务和按照最高标准规范人的行为的必要了。[1]

---

1 参见《左传》（Zuozhuan, Zhao 29）、格雷厄姆（Graham, 1989：276），传说中的老子的《道德经》中也表达了类似观点。

第六章 法律

在本章所讨论的话题上反复出现的基本问题中，首先就是法律与道德的关系，第二个问题，如业已提及的，与第一个问题同样疑问重重。道德问题并不必然全部受法律规定的约束。在法庭上说谎存在于我们的社会中，但在其他许多语境下则不存在说谎。[2] 相反，律令法典时常为道德——譬如关乎饮食和穿着的陈规和禁忌——范围之外的行为立下规则。然而，在它们这么做的时候，打破这些规则通常不仅被认为是不法行为，而且是一种犯罪，甚至可能是悖理逆天的行为。不洁观——我在第四章已提及并在第七章将再次回归这个话题——跨越宗教、道德和医学领域，打破了横亘在这三个领域之间的壁障，并将这三个领域视为一个无缝的整体。在这里，我们也会有机会将较多包容性的道德观与较少包容性的道德观区分开来。

另有法律被如何阐释和应用的问题。律令法典确立了一般性规则，但执行这些律令法典的人必须就特殊情况做出决断。即便有许多记录在案的先例可供参考，但哪条法律、哪个先例适用于手头的案例，总是存在着讨论的余地。法官在什么样的范围内拥有自由裁量权？当人们认为他们逾越了界限，或怀疑他们存在偏见或腐败，如何向他们发出挑战？他们应受到什么样的惩处？换句话说就是，谁来监督法律的守护者？

这再次将我们带到法律的起源和地位问题上。它们被认可是人制定的，还是被认为来自上帝，嵌入某一神圣经文里，或

---

[2] 不同社会对说谎的态度可能截然不同。希罗多德（1.136—138）评论道，波斯人认为说谎是极其不利于名誉的。但对于许多希腊人来说，在多种情形下，说谎并没有任何值得特别谴责的地方，那些说谎并侥幸取得成功的人，会因他们的"机智"（*mētis*）而受到敬佩，如奥德修斯尤其如此。在他登上伊萨卡岛时，遇到雅典娜但还没有认出她时，他甚至企图哄骗雅典娜。

呈现给教士、先知和圣贤（参阅 Brague，2007）？神会以其他方式介入吗，如人们是否认为审判法会揭示有罪，或作伪证会带来神的报复？

反过来，这与第四个问题即该领域变化和革新的可能性相关联。法律总体上或部分地被认为是不可变更的吗，譬如因为它们包含着神的指令？换句话说，它们能够被改变吗？如果能，由谁来改变？谁是这方面的专家？如果有专家，他们具备什么资格以获得这种地位？

113　　第五，法律与政治权威之间存在某种分权吗？法律被用于约束统治者的行动吗，或后者仅仅操纵和控制法律，做任何他们想做的事并赋予其合法性的外衣？

最后，当所讨论的规则不涉及国内事务，而关涉国际事务时——在这种情况下，代表单一主权国家的官员们不能执法——人们对法律及其地位的态度会发生怎样的变化？我讨论的主要焦点将是某个社会的法律，但最后我会就国际法领域目前出现的问题进行简短的评论。

考量这些问题，我们可以从古代中国和希腊的丰富材料入手，但请容许我先简要介绍一下其他三个社会，它们将被用于阐明正义得以施行的方式的多样性（参阅 Diamond，1971）。第一个是巴罗策社会，它没有成文法典，实际上连书写都没有；第二个是古巴比伦社会，它产生了现存古代最详尽的法典之一，即《汉谟拉比法典》；第三个是伊斯兰社会，它提供了一个例证，基本的法典《伊斯兰教教法》得到了神圣的尊崇。

有关推理能力（第一章），我在前面曾提到格卢克曼（Gluckman，1967，1972）搜集到的证据，这些证据体现了罗兹人对演说家们展示的娴熟的辩驳技能而表现出的自发的自豪之情，演说家们展示娴熟辩驳技巧的主要场景，准确地说，就是法庭。

第六章　法律

罗兹人没有主导这些法庭程序的成文规则，法庭程序主要按照传统和习俗来进行。他们说，外来者，譬如西方人，可能在其他人类活动领域胜出一筹，但他们罗兹人是法律问题方面的专家，可评判代表案件审判任何一方说话的那些人或负责做出有罪或无罪决定的那些人。正如我在前面提及的，他们的语言里有丰富的语汇，用以描绘演说中所展现的美德与罪恶，当然，这些是口头流传的美德，而不是道德本身当中的美德。但是，当法官展示这些美德时，他执行的司法质量得到了提升，亦如他没有坚持这些美德时，司法质量会受到损害，更不用说他反复无常的时候了。尽管特殊的演说技能是只属于少数人的天资，共同体里任何成员都能够欣赏他们，不只是精英骨干们能够如此。³

《汉谟拉比法典》要追溯到公元前1792—前750年之间，其时国王汉谟拉比统治着巴比伦。我们知道甚至更早一些零散存在的法典（Pritchard, 1969：159ff.），但没有任何一个在综合性方面可与《汉谟拉比法典》相匹，它为民事案件和刑事案件制定了诉讼程序，并详细规定了惩处措施。譬如，它囊括了（不同类型的）奴隶与自由人之间的关系，并针对不同社会地位的人确定了差别化的犯罪惩罚措施（Richardson, 2000：105）。然而，将《汉谟拉比法典》与我们拥有的其他有关付诸审判的特定案例的文献加以比较，可表明《汉谟拉比法典》与实际的司法实践存在着不相符之处。这说明，尽管表面上如此，但《汉谟拉比法典》并不是实际的法律和法令的总纲，只是为实际的法律和法令提供了一个模板。修习法律的学生、未来的法官，

3　比照我在第五章里所描述的基塔瓦人雕刻的技能。在那里，雕刻者对这项工作的德能有全面理解。

要学着怎样处理复杂案件，怎样检视各种明显冲突的原则并决定哪一条原则适用于手头的案件，怎样根据原告和被告的情境调整惩处力度，如此等等。《汉谟拉比法典》与我们所了解的法律是怎样执行的之间的落差表明，这部法典至少在某些方面是理想化的。如果此论正确，那么就意味着，实现正义的责任更多的是落在主管的法官肩上。而且，就法典具有的教育功能来说，它并不指向一般人，而是培养一个精英人士。

与此同时，汉谟拉比强调支撑其法典的神圣权威。神祇安努（Anu）和恩利勒（Enlil）命令他在国土上展现正义；实际上正是太阳神马杜克（Marduk）"委托"他"正确地引导人民，指引这片土地"时，他"以这片土地上的语言制定了法律和正义"（Pritchard, 1969：164—165；Richardson, 2000：29, 41）。巴比伦的统治者并不像埃及的法老一样，是神王一体，但他们可以宣称，他们得到了神的支持和认可，这在任何地方都不比施行正义更为重要。

伊斯兰社会是一个在过去与现在都有一套法律体系的社会，伊斯兰教教法得到了神圣的尊崇。[4] 首先，伊斯兰教教法来自《古兰经》不可变动的教义，《古兰经》从原则上规定了日常生活的方方面面，不仅包括宗教方面，而且还包括财政的、性的、社会的，乃至饮食穿着的规则和履行诸如朝圣（前往麦加朝圣）的义务。但是，当《古兰经》本身就某一主题没有直接的言说

---

4 参见沙赫特（Schacht, 1964）、罗森（Rosen, 1989）。犹太教是另外一个例证，像伊斯兰教一样，犹太教的宗教法里可以辨识出的是：《旧约》之首五卷（Torah）所规定的内容、《密西拿律法书》（Mishnah）和巴比伦《塔木德》（Talmud）所规定的内容，以及那些阐释这些文本的人的著述。第一种拥有神圣的永恒性，但人们也承认，在犹太教各代律法专家提出的解释中，变化实际上是一直存在的。

时，则由圣训——穆罕默德言行录——来补充，反过来，这些言行得到了穆罕默德同伴们的一致认可。《古兰经》和圣训共同构成了核心法典，两者与"细节解读"（*fikh*，即阐释法）截然不同，后者包括各代专家们对经典的演绎推断，它们经受着不断的变化和革新。

这意味着，那些在地方层次上负责施行正义的人，即法官或低层法官（*kāḍī*），相当审慎细致。饶有趣味的是，对他们来说，成文证词远比不上口头作证重要，在评估后者中，主要因素就是证人的正直程度。[5] 法官利用一批可信任的证人，他们是按照评估和作证的既定程序任命的（Schacht, 1964 : 82, Geertz, 1983 : 191），其中可能包括生育和性犯罪方面的女性专家。但是，证词的可靠性并不仅仅取决于作证者的声誉，任何特定案件中的判决都可能反映辩论者的社会地位。

《古兰经》的不可变动性是不可逾越的基本原则。但并非如通常宣称的那样，其在实践中仍有大量操作和变动的空间。不同的穆斯林教派之间，以及同为穆斯林教派的不同阐释者之间，在诸如将《古兰经》和圣训应用于特定案件时所允许的推理模式等方面，存在且一直存在诸多不同的意见。[6] 但是，在某些情况下革新发生了，那也是以补充神圣文本和口头教义的名义进行的，而非修正它们，且这种新阐释掌握在博学的精英

---

5 参见沙赫特（Schacht, 1964 : 125ff., 200）。这不仅是伊斯兰教的特征，格拉夫顿（Grafton, 2007 : 97）指出，近代早期欧洲史学史中有相同的现象，相似点可追溯到希腊罗马时代，参见汉弗莱斯（Humphreys, 1985）。

6 问题其一是，通过《古兰经》和圣训针对其他案件所涵盖的问题的类比推理的可接受性，其二是意见一致的分量和价值。如何应对不信教者是另外的问题，穆斯林不同当局对该问题的观点也截然不同，尽管大多数人已认可"圣书选民"（包括犹太人和基督徒）与其他人之间的区分。

手里，并非任何个人都能够对该主题作出论断。与此同时，圣训生动地说明了此种法律类型不仅可以扩展到涵盖各种人类关系，而且还涵盖整个人类生活。据说，真主安拉对你所做的一切了如指掌。我们所划分的法律与道德之间的界限因此被销蚀。人的每一个行为皆为真主所知，因此必须与他颁令的法律保持一致。

接下来我转向中国，我已提及孔子的观点，即引入成文法是令人遗憾的，因为它分散了人们内化和践行美德的注意力。按照孔子的观点，该领域关键的概念是"礼"，经常被译为"rites"或"ritual"，但它不仅包含仪式的意思，也指从家庭开始的所有人类关系的适当行为。[7] 对君子的真正考验是看他如何对待所有他接触到的人，既包括他的君主与其他位高权重者，也包括地位不及他的人，以及他作为主人、作为客人、在朋友中、对待陌生人尤其是对待其亲属的行为方式。

根据这种观点，良好的社会关系既取决于对不同社会角色的认知，也取决于一种等级制的价值观。《论语》中有一段著名的段落，在家庭和严格遵守法律之间进行选择时，孔子被描述为站到家庭一边的人。叶公（The Duke of She）因其邦国里的一名美德典范而自豪，这个典范是一个出来指证其父亲偷了羊的人，但在孔子生活的时代却反对这样的做法，当时有十分不同的正直观，即"父为子隐，子为父隐，直在其中矣"。

然而，孔子的观点遭到了墨家和法家的反对，他们把"法"——一个涵盖法律、秩序和标准的词汇——看作良好秩序的关键。如我在之前所解释的，墨家在我们的资料里极少被

---

[7] 然而，儒家"文本"用一个不同的词形容"正确"或"正当"，即"仪"。

阐述，但他们最著名的原则之一就是"兼爱"——一种与孔子思想存在明显冲突的思想。孔子主张，你与之打交道的民众的角色或地位影响你对他们行事的方式。墨家仍然赞成法律，同时在调和他们的信仰方面面临某些困难，即便某人为某项罪行愿意接受死刑，你也不应当杀他/她。我们的资料中有一些复杂的争论以表明"杀盗非杀人"。但与儒家根本不同的是，他们非常清晰地认定，整个世界都是你应有的行动范围，你应该平等地关心每个人，而不是偏袒某些人。

至于法家，最雄辩的代表人物之一韩非既攻击孔子也攻击墨子以及他们的信徒。他们的分歧造成了混乱。"夫是墨子之俭，将非孔子之侈也；是孔子之孝，将非墨子之戾也"（*Hanfeizi*, 50：1085）。认为美德能达至良好的秩序，这种思想是荒谬的。《韩非子·五蠹》（*Hanfeizi*, 49：1051, "Against the Five Vermin"）阐述道，他们可能颂扬上古圣贤之王，但他们这么做是基于错误的理由。"且夫以法行刑，而君为之流涕，此以效仁，非以为治也。夫垂泣不欲刑者，仁也；然而不可不刑者，法也。先王胜其法，不听其泣，则仁之不可以为治亦明矣。"（trans. Watson, 2003：103）我们很快就会回到"古代圣贤之王"可以作为榜样来效仿这一点上，但他们有什么值得仿效的是一个存有争议的话题。

中国确实存在法典的证据可追溯到公元前6世纪。此前我已指出中国"哲人"作为国王顾问的角色，据记载，几个重要人物，如4世纪的惠施，或已草拟了这样的法典，或建议统治者遵循这些法典。如前所述，一个主要的争论是，法律或道德是不是良好秩序的关键。这些法典所规定的诸多惩罚措施，如鞭笞、墨刑、断肢、宫刑，是很严厉的，在数起案例中，这些措施不仅施于应受惩处的犯罪个人，而且累及其人的整个家庭、

118 三族宗亲，按照常见的解释，也就是所有三族——父族、母族和妻族——成员。新上任的统治者通常通过减轻部分刑罚赢取仁慈的名声，但相对宽松的时期通常会被长期的严刑峻法所中断。

然而，对法律的任何修正都不可避免地引发了对其合法性的质疑——在中国，没有与之等同的观念，即法律是由批准的，可以从包含着上帝话语的神圣文本中读出。但如果说法律是正确的，那么它们不应该是永久的吗？变革在什么样的基础上及在多大范围里是被允许的？古圣贤之王被各方公认为美德和智慧的典范，但他们究竟代表着什么则见仁见智。

《商君书》和《吕氏春秋》在该问题上皆提出了精深成熟的观点。《商君书》[8]首先描述了一种观点，按照此观点，法律不应该变革。"臣闻之"，一个名叫杜挚的人说，"利不百，不变法（法律、标准），功不十，不易器"。"臣闻：法古无过，循礼无邪。"

但商君对此作答道："前世不同教，何古之法？帝王不相复，何礼之循？伏羲、神农，教而不诛；黄帝、尧、舜，诛而不怒；及至文、武，各当时而立法，因事而制礼。礼、法以时而定；制、令各顺其宜。"因此，没有一种方式能给一代人带来秩序。

119 同样，《吕氏春秋》里有一个章节（15.8，参阅 Knoblock & Riegel，2000：367—371）题为"察今"，该章节以一系列问题开始，作为秦国的宰相，吕不韦对这些问题的兴趣不仅仅停留在理论层面。先王之法，之于他们的时代很重要，但时代已变化。此外，包含他们的原则的典籍在传播中已被改变，其中一些被增益，另一些则被删减，因此需鉴别前人所传授的内

---

8 《商君书》（*Shangjunshu*, ch.1:1.26—2.2, trans. Graham, 1989: 270），修订版。

容。这并不是要拒斥古代的智慧,而是警告人们不要机械地墨守成规。相反,我们必须弄清楚,先王们所采纳的原则对今天业已变化了的环境有什么借鉴意义。治国无法则乱,守法而弗变则悖。[9] 夫不敢议法者,众庶也;以死守者,有司也——这是对官僚阶层的利益所在的一种颇具洞察力的评论。这两个群体都与应对时势并加以变法的人形成了鲜明对比:因时变法者,贤主也。

这些及其他著者都坚持认为,法律必须审时度势。这也是《史记》(122:3153)中杜周所表达的观点。但如果这带有武断的可能或至少主观臆断的味道,那么还有其他文本表达了客观性和公正性是执法基本的要义。《管子》(21.3:157.29—31;Graham,1989:275—276)是诸多用以类比的文本之一:"权衡者,所以起轻重之数也。然而人不事者,非心恶利也,权不能为之多少其数,而衡不能为之轻重其量也。人知事权衡之无益,故不事也。故明主在上位,则官不得枉法,吏不得为私。"

这在原则上是美好的,但随着时间的流逝,法律日益精细化,大量问题依然存在。现存的有关汉代司法行政实践的文献(Hulsewé,1955,1986),确切地展示了对细节与众不同的关注,如相关官员力图决断,怎样将手头的一起特定案件与他们想要应用的一般性原则关联到一起。在这种联系中,我们搜集到了大量的单个案件记录,这些案件在诸多方面可与我们在第四章中回顾的中国医学案例类比。医学与司法案件首要的共同之处是,它们皆为未来的参考提供了资料库。

---

9 颇为有趣的是,吕不韦接下来以医药为类比,精确地阐明"病万变,药亦万变"。

其次，如果需要，这些案例可以被引用，以作为医生或法官在履行其职责时细心的证据——下一级官员显然经常热衷于向他们的上级证明他们的责任心。在司法案件中，这样做的结果便是判决和适当施加的惩处。尽管争端各方都有机会就案件表达自己的看法，但不像希腊法庭那样（见下文），被告与原告之间绝不会有持久的争论。相反，人们的期待是，作奸犯科者会坦白自己的罪行，并接受法律规定的适当惩处。

这来自《史记·酷吏传》中记载的一则故事，尽管故事带有明显猎奇的细节。在这个故事里，一个孩子因任由老鼠偷食肉而受到父亲的责罚。为了补过，这个孩子抓住了老鼠并对之进行审判——控诉它，打它直至它招供，他记录下了老鼠所述的事情发生的原委，与证据比对，然后草拟了一份惩处建议书。接着，他把老鼠和肉都带到院子里，在那里进行审判，陈述罪状，并处死了老鼠。孩子像一名经验老到的司法官员一样执行了整个程序，父亲对此非常讶异。当然，这则轶闻有点夸大其词，但它很好地说明了一点，即人们普遍希望，逮捕之后能得到罪犯的坦白，有时候是在酷刑逼供之下得到的。在其他地方（《史记》，122：3153），司马迁记述道，被指控的可能性往往导致被控诉者逃跑。当然，司马迁在开罪于汉武帝之后，是通过被囚禁的亲身经历写下的，尽管他为了续写父亲的历史，选择了屈辱的宫刑处罚，而拒绝了较为高贵的自杀方式。

从我们的资料中可以明显看出，治安官们组成了一支训练有素的队伍，他们在记录自己活动时一丝不苟。但是，至汉代，法律的细化和判例的增多引发了诸多的混乱。在《汉书》中（23：1101）我们看到，仅就死刑而言，就有409条记录，涉及1882个案件，并且有不少于13472件按司法先例应判死刑的案例（Hulsewé，1955，338）。到此阶段，人们有理由抱怨，腐败官员可以利用法律条款的复杂性为自己谋利。

因此，从战国时期直至秦汉，我们发现时人至少就四个关乎法律的问题产生了强烈的争论，即成文法对一个良好政府来说有多重要，确保秩序的唯一现实路径是否就是对不法行为制定最严厉惩罚，法律面前是否人人平等，法律是否应该在各个时代保持不变，还是根据每一代的环境进行调整。但是，在另一问题上，人们达成了更为普遍的看法，即统治者——统一后是皇帝——有责任确保宏观世界与微观世界相互和谐。为此我们在《吕氏春秋》和《淮南子》等"文本"中，发现了一系列行为规范的"月令"，即君主应终年月复一月地遵循这些月令，以确保宇宙和谐。此外，这些月令也具体说明了如果他不这样做的可怕后果——自然灾害和社会灾难会接踵而至（这两种灾难并不是截然分开的）。

这并不意味着相信某些超然的（有启示性的上帝或能工巧匠）的存在，他们掌控着宇宙。相反，这个观念认为，整个宇宙、天堂、政治制度和个人躯体都内在关联：所有都表现于五行[10]和阴阳互相作用的相同模式中。因此，统治者的行事方式会有上天报应，他不能允许政治和社会动乱，以免招致天谴。

当然，有许多统治者无视所有这些警告。但仍有许多正面典范，如上古圣贤之王尧、舜、禹；也有许多暴君，如夏朝和商朝最后的统治者桀和纣，他们被看作君王失去上天授权的负面案例。与此同时，如前所述，申斥不把"天下"百姓福祉放在心里的统治者是谏臣的职责，即便这些谏臣所冒的风险是招

---

10 关于"五行"概念，参见第一章。它的某些主要应用领域是我们所描述的物理学或天文学领域，人们认为政治王朝也按相生相克之顺序相接。

致统治者的不悦,之后他们付出的代价可能是从丢官到肉刑甚至死刑。宏观世界和微观世界的相互作用可能是理想主义的话术,但它借鉴了许多主流思想家内心深处的信仰,即他们的责任在于阐述。[11]

如在中国一样,在古希腊就有关法律和道德的基本问题、关键术语含义的转变、在达至正义中对良法的法律与优秀法官的各自贡献的困惑、为施行正义的更多或更少的平等主义安排之间的冲突,也存在激烈的争论。但在希腊,对统治者负有天下责任的观念强调较少,也较少强调谏臣在统治者表现不称职时要申斥他们的职责。在希腊,当政策是由民众集会而非王公们做出时,鉴别要申斥谁经常是件很困难的事。相反,有罪和清白应该由投票决出,也就是通过数人头的方式,是希腊独有的,在任何古代社会没有与之相同的现象。当然,这是以民主的方式做出政治决策,但在古希腊,政治从未远离法律。

我们最早的文字证据来自荷马史诗中所写的阿喀琉斯之盾(*Iliad*, 18.497ff.)上描绘的一幅著名图景,表现了老者正在主持司法。他们围坐一圈,以评判一桩摆到他们面前的谋杀案的赔偿问题。两塔兰特金子放在中央,犒劳在发言中做出"最公正评判"的法官,尽管没有解释谁会得到这笔价值不菲的奖金,也没有解释怎么决定谁将得到这笔奖金,对案件本身也未作清楚的描述。一种解读是,一方说给予被谋杀者全额赔偿,另一方则认为不应给任何赔偿。但希腊人的另一种解读是,第一方力图通过给予全额赔偿解决案件,而第二方则拒绝接受任何赔

---

11 如洛伊(Loewe, 2006: ch.1)和刘易斯(Lewis, 1999: 354)特别强调,自战国时代晚期以降,大量文本致力于思考约束专制统治者专横武断地行使权力的方式。

偿。不仅这个希腊文本难以做出断定,而且我们也应该铭记,这不过是以寥寥数语对被绘在盾牌上的一个场景的描述。然而,所描述的场景显然或多或少是用于解决一个案件的正式安排,否则就会有陷入决斗和报复的危险。

这个文本中用于形容"审判"的词汇是 *dikē*,是后来希腊指司法和刑罚的标准词汇。但在荷马史诗的其他地方,使用该词汇不带任何司法含义,仅用于描述该案件的来龙去脉。在《奥德赛》(14.59)中,奴隶欧迈俄斯(Eumaeus)因给予他的客人,即未被认出的奥德修斯,一个小礼物而得到宽恕,说这样做是像他一样的奴隶的习惯(*dikē*),因为他们害怕那些统治他们的人。在《奥德赛》(11.218)中,当奥德修斯在阴间试图拥抱其母并发现她是一个影子时,她说这就是 *dikē*,即人死后的样子。

"*themis*"是具有类似意义范畴的另一个词汇。按《伊利亚特》(9.132ff.)的叙述,阿伽门农在答应把布里塞伊斯送还给阿喀琉斯时起誓道,他没有与她同床共枕发生过男女关系,因为这是人群当中的 *themis*,这仅仅表明正常情况是什么样,无关法律,更不用说道德了。但在我刚刚引用过的同一陈述中,欧迈俄斯用这个词说明,不尊敬外乡人不是 *themis*,它在这里的含义是"正确和恰当之事",因为所有外乡人和穷人都在宙斯的庇佑之下(*Odyssey*,14.56—8)。同样,《奥德赛》(*Odyssey*,9.112ff.)在描述独眼巨人的非人类社会中,我们被告知,他们没有 *themistes*,这里指主导正常人类交往的法律规章和习俗。

在荷马史诗的其他地方,宙斯有时也扮演人类正义保护者的角色。在《伊利亚特》(16.384ff.)之后,描述了宙斯降下一场狂风骤雨,作为对那些在法庭上作出粗暴判决(或者说法令,这里又一次使用了 *themistes*)和完全无视天神震怒排斥正义(*dikē*)的人的一种惩罚。然而,正如后来的作者敏锐地指出的那样，在荷马史诗中，由一个神所支持的人及行为，总是会受到另一个神的憎恶，在《伊利亚特》(14.292ff.)之后，在伊达山（Mount Ida）上受到赫拉的诱惑后，宙斯自己也被哄骗了。

但在赫西俄德那里，宙斯奖善惩恶的原则表现得更加明显。在《工作与时日》中，善被说成"对任何外邦人和本邦人都给予公正的审判，丝毫不背离正义"，正义的城邦会得享和平与繁荣，而不正义的城邦则会遭受瘟疫和饥荒。宙斯会因某一个人作奸犯科而惩罚整个城邦（Works and Days, 240），其透露的信息是上天的赏罚分明。但与此同时，在赫西俄德及其兄弟不得不打交道的人中间，有"腐败贪婪的国王"，迥然有异于阿喀琉斯之盾上的长者。赫西俄德当然不惧于批评他们。但他这么做时伴随着剧烈的痛苦，并乞灵于宙斯的最高主宰。这表明，他希望掌权者听从他的呐喊而修正自己的方式，但对此并不乐观。

我们在公元前6世纪梭伦的诗中看到的观念对比是非常惊人的。在被召唤帮助解决雅典遭受的政治经济危机后，他负责城邦的宪制改革。从梭伦之前的一个世纪开始，涵盖广泛主题的法典开始在希腊得到证实，尽管其中某些人物，如斯巴达的吕库古（Lycurgus）、洛克里（Locri）的扎鲁库（Zaleucus），属于传说而非历史。我们所了解的德莱罗斯（Dreros）的不完整的法律，大约可追溯到公元前6世纪，但在相当综合性的法典方面，第一个详细的铭文证据来自戈提那（Gortyn）。[12] 这部法典源于公元前5世纪中期，尽管专家认为其中一些条文要至少回溯到前一个世纪（Willetts, 1967）。像《汉谟拉比法典》

---

12 然而，戈提那法典究竟有多系统，以及梭伦的法律条文以详尽为目标，这在多大程度上是正确的，仍然是学术辩论的话题。参见戴维斯（Davies, 1996）、奥斯本（Osborne, 1997）、霍尔克斯坎普（Hölkeskamp, 2005）。

一样，它根据犯罪者的地位以及犯罪行为所针对对象的地位，来确定不同的惩处措施。125

梭伦的法律条文主要是政治上和法律上的。尽管做官资格限于富裕阶层，但每个公民都有权参与公民大会和法庭（dikastēria）。正如亚里士多德在《雅典政制》（Athenian Constitution，9.1）中认识到的，关键的一步是赋予了在这里投票的权利，民众（dēmos）掌控着宪制。亚里士多德强调梭伦很难说服人们相信他的公正性，这个话题在他现存的诗歌里反复被申述。像赫西俄德一样，他乞灵于宙斯的惩戒力量，他以春风遽然吹散乌云，比照惩治罪恶时复仇的及时性和确定性（poem, 13：17ff.）。但梭伦比赫西俄德更强调人在人类事务方面的责任。一座城市的毁灭来自它的伟人（poem, 9）。雅典人不应该把他们的麻烦归咎于诸神：他们要为自己的麻烦负责（poem, 11）。至于他自己为争取正义的努力，大地本身将亲眼见证他的所作所为，因为在他消除以个人为担保的贷款和取消债务时，他移开了标有抵押财产的界石（poem, 36），尽管他审慎地坚持说他"同等地为平民和士绅草拟了法规，让正义惠及每一个人"。宙斯惩戒的话语仍然如是。但梭伦充分意识到，其宪制的命运取决于雅典的主权公民。

梭伦被任命去解决一个城邦国家的问题，但在公元前5世纪，希腊人对不同城邦——希腊的或非希腊的——所采用的法律和习惯的差别意识，逐渐在作家、历史学家、悲剧家、医学作家和哲学家身上得到了体现。尽管埃及早已被视为一个重要的国家，但荷马史诗的地理学很大程度上是虚构的。然而，随着对埃及和波斯的了解日益增多，希腊人开始认识到环绕在他们周围的一些文明的古老历史、强大力量和华丽恢弘。他们无疑是"蛮族"，就像古代中国将非中国人的邻居贬抑为低等民族一样。对于中国人来说，轻视匈奴可能很容易，但对希腊人来说，忽略令人印象深刻的金字塔或波斯大帝统治下的帝国的成就则要困难得多。

126   但如果不同民族的 *nomoi*（该词汇涵盖法律、习俗和惯例）各不相同，那么希腊国家的立国之本究竟在哪里？鉴于政治和法律机制问题在理论上被频繁地争论，以及宪法和法律事实上的修改，这个问题是不能忽略的。对于该话题，公元前5—前4世纪就出现了几种不同类型的反应或回应。现实主义者，或曰犬儒主义者声言，法律没有任何自然的客观的基础，它们是在弱者遏制强者的绝望尝试中建立起来的（如卡利克勒在柏拉图在《高尔吉亚》[*Gorgias*]中所言），或由强者制定出来以便为自己篡取权力披上一件合法外衣（《理想国》中的特拉西马库斯）。根据希腊人坚持的规则惯例（*nomo*），薛西斯入侵希腊是非正义的（*dikaios*），但根据自然——实际上就是根据自然法（再次使用词汇 *nomos*，《高尔吉亚》[*Gorgias*]，483e），他的所作所为是正义的，因为正如米洛斯对话（Melian Dialogue）（Thucydides，5.105）中雅典人所阐述的，"统治力所能及的任何东西是亘古不变的自然需要"。按照这种观点，一种可以宣称客观的原则就是，它是正确的——这条原则很显然可应用于国家间的关系，以及这些国家内部敌对团体之间的关系。

在安提丰（Antiphon）的《论真理》（*On Truth*）中能够找到一种更极端的立场。它承认，如果有被发现的危险，人们就不应该打破自己国家的法律和习俗，但在没有被发现的危险的情况下，人们应该遵循"自然"。法律是人为的协定而已。打破法律和习俗，在没有被发现的情况下，对你没有任何危害，但违反自然法（且这意味着你不能付诸行动，将自己的利益最大化），无论被发现与否，都会有害于你。

对这些攻击的反击，以法律被认为能够获取正义为基础，两种类型的主要论点出现了。一些人宣称，nomoi 的相对性是有例外的，在索福克勒斯的《安提戈涅》（Antigone）中，安提戈涅说，埋葬她死去的哥哥的义务，是一种不成文的却是由神确立的不容置疑的法律或习俗（nomima），任何人都不能否认。在其他地方，希罗多德借薛西斯之口说，不斩来使的法律是全人类共有的（7.136）。在修昔底德的著作中，伯里克利说，雅典人不仅遵守为保护被压迫者而建立起来的法律，也遵守那些不成文的但被认可给打破它们的人带来羞耻感的法律（2.37.3）。

在色诺芬的《回忆苏格拉底》（Memorabilia，4.4.18ff.）中，希皮亚斯（Hippias）与苏格拉底之间的争论可用于阐明不成文法的观念是多么常见，具体说明它们涵盖哪些东西是多么困难。他们都同意，敬神和尊崇父母之类都算作不成文法，苏格拉底把血亲通婚也纳入其中，不为希皮亚斯那种并未得到普遍认可的观察所动。他也没有为利益报偿方面的类似观点所动摇，因为那也是一种经常被打破的规则。然而，违反神法必遭惩处的说法精确地反映了一点（如赫西俄德著作中所说），即神正论已堕落为现实主义者所称的一厢情愿的境地。

捍卫正义论的第二阵线来自柏拉图，即做不正义的事肯定会伤害灵魂（安提丰的主张恰恰与其针锋相对，他认为伤害人的是无私）。不正义像毁灭灵魂的疾瘟，破坏灵魂内部的平衡。没有任何人想生病：因此如果你忖度一下这就是不正义之于你的危害，你就会避免所有错误的行为。相悖的结论是，没有任何人愿意做错事，只是出于对他们灵魂健康可怕后果的无知才做了错事。美德，像苏格拉底的另一个悖论中一样，被证明就是知识。

整个论争都围绕着我们的灵魂发生了什么：它既不取决于我们与他人的关系，也不取决于错误行为对他们的伤害。这同我们的声誉也没有多少关联——因为人们认识到，真正正义的人有时会被认为是非正义的，反之亦然。《理想国》中裘格斯（Gyges）戒指的思想试验，被准确地用以设计排除其他人如何看你的任何顾虑。给你一枚能够确保你隐身的戒指，你会怎么做？如果你真的懂得不正义会毁灭你的灵魂，那么即便你不会被发现，你永远也不会做错误的事情。

在柏拉图那里，这一系列思想首先得到了他的形而上学的强化——超然的形式确保正义本身、善本身以及其他东西的客观性——之后，他的宇宙论又强化了宇宙处于一种仁慈的匠人般的力量的控制之下。天体作为一个整体，表现了秩序、规则和实在美，这个论题以及其他诸多论点中的天文观，尤其在《蒂迈欧篇》中得到了发展。在这方面的描述中，人类立法者应该仿效神圣的宇宙造物主确立的模式。正如造物者将秩序引入世界，仿效正义的宇宙模式建立正义的社会政治机制，是人类立法者的职责。而在《理想国》中，他寄望于哲学王作为正义的保障者。到他写最后一部著作《法律篇》时，这些人类的美德典范被视为太过理想化，重点也转移到法律本身的作用上。虚构建立新的马格尼西亚国（Magnesia），让柏拉图得以从零开始，规避要改变现存的政治与法律安排的问题。新法律中许多详尽的条款，在最初十年间会被修订，但此后，一旦臻于完美，它们便被宣布为不可更改的（Laws, 772b—c）。然而，无论柏拉图希望它们获得什么样不容挑战的光环，他都清晰地意识到，仅仅是人类的法律，无论多么令人钦仰，总是受制于人的再次思考。

柏拉图心理学上的正义论无疑是原创性的：他的宇宙观属于希腊漫长的哲学思辨之旅的组成部分，在希腊的哲学思辨中，有序的宇宙的思想转变为种种政治与技术图景，但这并不是说早期的哲学家们在如何描绘这种秩序上意见完全一致。一些前苏格拉底哲人,如色诺芬尼、阿那克萨戈拉(Anaxagoras)、阿波罗尼亚的第欧根尼(Diogenes of Apollonia),将宇宙视为处于单一的国王般权力控制之下,但其他人,如阿那克西曼德(Anaximander)、恩培多克勒(Empedocles),将各种宇宙力量描绘为各种平等权力间的平衡,而赫拉克利特甚至用战争与冲突的图景表达对立者之间持续不断互动的思想。

然而,不仅仅哲学家们自己内部看法不一,他们与那些掌控实际政治权力和责任的人也势同水火。柏拉图踏上游说之旅——实际上是数次,试图劝说叙拉古的统治者狄俄尼索斯二世(Dionysius Ⅱ)像一个真正的哲学王那样行事——最终得到的只是灾难性的结果。柏拉图被投入监狱,不得不由阿尔库塔斯营救而出,阿尔库塔斯这个人物更像真正的哲学王,他无疑看得更远,因为他极具原创性地将数学和哲学与作为一名政治家的成功生涯结合到了一起,在其家乡塔伦特姆(Tarentum)城邦,他曾一再当选为总执政。但从柏拉图的观点来看,阿尔库塔斯不配充当模范,他设想的国家是民主政制的,并因此易于遇到任何这种体制所具有的一切缺点,除此之外,被选举出来也并不是成为柏拉图式的哲学王的必然之路。

在柏拉图眼里,雅典现实政制最大的不利之处是,公民大会和法庭处于毫无训练的普通公民的控制之下,无论在政治方面还是法律方面皆无任何特定的专家。当然,对其他人来说,这正是民主体制的伟大力量。然而,实际上,尽管雅典公民不是任何意义上的职业政治家,但他们在政治和法律决策中获得了大量的经验(他们获得的经验远多于西方现代风格的民主体制下的绝大多数公民)。公民大会的事务由委员会做准备,委员会里有来自每个部落的代表,他们是轮流执行事务的"常设机构"(*prytaneis*)——一种负责处理国家日常事务的执行机构。

但因为不允许任何人在委员会服务满两年以上,所以不存在某个寡头式或其他派系长久控制委员会的问题。由全体公民组成的公民大会是真正的政治权力所在(Hansen, 1983)。公元前5世纪,它的决策范围很广——从是否开战,甚至发动战争的战略战术到宪制本身。此外,通过抓阄任命或选择的负责某项事务的官员,还受到其他两种形式的控制:其一是入职审查权制(*dokimasia*),据此审查他们任职的合格性;其二是卸任账目审计制(*euthyna*),即在他们任期结束时,审查他们任职期间的行为,尤其是他们的财务账目。

最后,雅典司法体制精心设计的规定还包括针对不同案件由不同法官主持的独立法庭,委员会和公民大会也自行审问一些案件。最高法院负责某些类型的宗教案件和凶杀案,尽管其重要性和具体角色随着时间的变化而有所变动。此外,我们还听说过至少十种以上的其他法庭,尽管并非全部同时处于运作状态(MacDowell, 1978:35—36,亦可参阅 Osborne, 1985)。这些法庭是剧场法庭、画廊法庭、新法庭、临时法庭、莱科斯法庭、卡里昂法庭、三方法庭、大法庭和中法庭,还有所有法庭中最重要的民众法庭,该法庭由立法者主持。

尽管主要的法庭都在法官的控制之下,但他们的行事方式与现代法官并不一样。无论是裁决还是判刑,都由"审判员"(*dicast*)决定,他们结合了法官和陪审团两种角色,裁断法律问题以及有罪和无罪问题。他们的人数常达数百,我们甚至听说过多起由整个年度6000名审判员小组审讯的案件。参与法庭审判占据了相当大比例公民团体的大量时间,从伯里克利时代起,陪审团服务开始有报酬了。而且,任何案件的审判员都是当天从自愿报名的那些人中抽签遴选出来的。事实证明,这是一种普遍有效的做法,以防止有人试图通过贿赂陪审员来影响审判结果，这不仅是因为陪审员数量之多，还因为没有任何人能预知特定的某天在特定案件上谁将是陪审员。

希腊民主制最显著的特点之一是法律面前人人平等的原则。每个公民都参与到司法体系中，在那里采取一人一票的原则作出决定。[13] 然而，我们不得不从几个方面限定这种平等主义，首先，最重要的是，它仅适用于全权公民的成年男性，奴隶、外国人和妇女拥有某些权利，但不是公民享有的全部权利，尤其是没有参加公民大会和参与政治决策过程的权利。其次，其他两种有违平等的特征也应该被提及。正如针对戈提那法典做出的评论，一些罪行的严重程度首先根据犯罪者的身份之后又根据被侵犯者的身份，而有所不同。最后，我们不应该认为，公民大会上的言论自由意味着所有公民的意见具有同等的分量，显然，有权势的人，如富人或出身良好的人，拥有超过常人的影响力。

雅典司法体系的一个优点在于，即便有着种种已被提及的局限性，但它是平等的。另一个优点是，如前所述，陪审员是抽签选出的，这意味着贿赂的可能性更小——事实上没有机会影响其组成。然而，从我们听说的大量伪证案件来看，贿赂证人（与陪审员恰恰对立）是常见的，该体系的一个弱点是，由敲诈者（*sykophantai*）提出的恼人控诉时常出现。公

---

13 然而，多数投票决策原则一个可能的不利之处是，人们怀有较少的动机继续辩论，以便观察是否能达成一致意见。参阅劳埃德（Lloyd, 2005b: 128f.）。此外，正如科恩（Cohen, 1995：87）提出的，经常诉诸法院会有复杂的结果。雅典人的好讼有时候可能是一种有形的暴力。但它的效果是，时常会让这样的争端久拖不决，因为紧接着控诉的是反控诉，每一方更多的支持者被拉进来，控辩双方都不遗余力地想通过新的胜利抹去先前的司法失败。

正无私的证人很少，实际上，证人总的来说并没有被期望公正无私。被传唤的那些人通常是亲戚、朋友或其他人——他们对那些要求他们来提供有利证据的人负有某些义务（Herman，1987；参阅 Humphreys，1985；Todd，1990）。审判员的成见，以及他们无法看透周围的腐败信息的告密者，不仅在喜剧中受到嘲弄，而且受到如伊索克拉底（15.15—38）之类的人长篇大论的谴责。那些操纵公民大会和法院的人经常抱怨，依照一种常见的话术，这些机构受到操纵（Thucydides，3.37—38）。

我们当然不应该想当然地认为，雅典或任何其他地方的民主制度比寡头政治或君主体制（它们同样反映了建立这种制度的人的利益）更能在政治或司法问题上确保头脑清晰、理性充分且公正的决策。委婉地说，公元前5世纪雅典的实际情况是混杂的，它不仅包括针对个人（如苏格拉底）的司法不公，也包括针对整个国家的司法不公。一开始是作为防御波斯人进攻的防御性同盟，而后被雅典人变成了一个帝国，那些脱离阵营或没有加入的城邦遭到了野蛮的胁迫。

我们所依据的大多数作家，尤其是修昔底德、柏拉图、亚里士多德，都对民主持批判态度。许多人退回到理想主义的观点，认为正义的最佳保障是美德，并辅之以各种在青年中培育美德的政策举措。但针对教育开出的处方不可避免地反映出作家们所持的观点，即如果任其发展，人类是否会自私、贪婪且无原则，如果他们没有被冤枉，或即使他们被冤枉了，他们是否能够公平公正地行事。反民主的、威权主义的前一种观点在我们的资料中占主导地位。统治者和被统治者互换角色，每一个角色都会感到满意，亚里士多德将他的希望寄托在这样的思想上，这是近乎天真的理想化思想。但他在《政治学》

(*Politics*，1269a19—24）中警告道，修改法律可能会破坏法律本身的权威，其基本的保守主义昭然若揭（Brunschwig，1980）。与此同时，对"公平"（*epieikeia*）的反思，补充了他有关法律本身不足以获取正义的思想（Brunschwig，1996）。在诸多物事中，公平是一种原则，旨在确保充分考虑到个别情况的复杂性。正如他在《尼各马克伦理学》（*Nicoachean Ethics*，1137b26ff.）中所阐述的，法律的普遍性是有缺陷的，公平纠正了这种缺陷。

希腊人非常积极地探索不同法律和政治安排的利弊，不仅是在抽象的理论辩论中，而且还在他们能够且切实实施其所批准的政策的情况下进行。[14] 但意料之中的是，他们在理论上没有找到任何办法确保正义，更遑论在实践中了。他们采用的诸多制度机制反映了希腊城邦小规模、面对面的性质。[15] 然而，出于同样的原因，这些城邦国家不能与崛起的马其顿以及亚历山大大帝的后继者们从其征服的土地上建立起来的诸王国相抗衡，这些王国的大多数随后又臣服于罗马的力量。

在这些政体中，法律转向了我们所称的中央集权的模式，无论是君主制还是（至少在罗马共和国）寡头制。实现正义的程度取决于你说服德行千差万别的同侪们的能力，但该能力逐渐落到被任命到权力位置上的行政官员手里，不幸的是，他们或多或少有些腐败或不公，尽管他们最终是在罗马帝国治下极

14　同时，我们从亚里士多德那里知道，一些理论家否认自然奴隶的原则，但在古希腊罗马时代，除了由奴隶自己组成的武装力量之外，其他群体并未尝试取消这个制度。

15　亚里士多德认为，理想的城邦国家人口不应该大于能在公民大会上发言的人数（*Politics*，1326b5ff.）。

其详尽的法典框架内运作。罗马一系列影响巨大的讨论法理学的作家，不仅草拟了涵盖法律方方面面的综合性条文，而且还对其各个不同领域——譬如公民法（ius civile，应用于罗马公民）与万民法（ius gentium，在某种意义上等同于同时应用于非罗马人的自然法［ius naturale］）之间——做出了明确的区分。他们的著作大多是欧洲人在该领域进行后续思考的基础，譬如加恩塞（Garnsey，2007）就财产法方面所表明的那样。然而，在后来的各个时代，没有任何一个地方在本邦公民与其他人的事务方面依靠古典时代雅典人的民众法庭所提供的各种机会和风险来确保正义。

最后，我们在结论中将要提出，在法律这样一个广阔的领域，我们必须对一些数据进行特别有选择性的调查，从中我们能得出什么教益呢？鉴于它们的多样性，对"法律"是什么和曾经是什么进行全面的断言不仅是困难的，而且是不可能的，更不用说尝试做出法律应当是什么这样规范性的判断。[16]我们认可为"法律"的东西，可能就是制度安排的代名词，无论它们是什么，终究是一个社会利用某种强迫模式确保某种秩序。但那是什么样的秩序，它是为谁的利益建构起来的或强加实施的，这些安排是如何运作的，这些方面存在着极大的不同。不同的社会——无论当代的或历史上的——都制定出了截然不同的法律条文，利用不同的制度执行司法、纠正错误或保证秩序，在

16　科恩（Cohen，1995）对曾经盛行的关于法律发展的功能主义观和演化观成功地发起了攻击。一种观念认为，法律是提升和谐的社会功能；另一种观念认为，人们能够对各种或多或少不断演进的、如何达至和谐的解决办法作出区分。

强调法律观念中表现出极大的差异性。有时,正义的实现是在神意的主导之下,但并非总是如此,可惩治的错误行为所包含的常常比我们所想的犯罪行为要多得多,譬如违反饮食方面的规范。有时,不仅仅人会遭到审判,牲畜和无生命的物体也会受到审判。[17] 关于谁来决定什么才算犯罪行为、算作何种犯罪行为的问题,以及谁来确定在进行犯罪行为时发生了什么的问题,在不同的社会中得到的回答迥然不同。有时,整个过程在尽可能无人的情况下进行——没有任何法官涉身其中,问题由神判法来裁断。但特定的个人、专家或那些拥有特定权威的人经常被要求查清事情发生的原委,以及负责阐明实际上事情到底如何。在中国和希腊,我们皆发现了理想主义者,他们表达这样的观点,即政府应该为整个社会的利益着想。其他一些作家——有时就是同一批人——认识到,实际上,法律恰恰服务于当权者的利益,无论他们是国王或富有的寡头,亦或是民主制本身。

因此,在一定限度内,对法律的研究会隐没在对人类社会关系的复杂性的研究之中。然而,我在这些研究中一直关注三个相互关联的问题,即精英的角色、学科的构成和革新的可能性,到底有多大可能得出一些结论呢?我认为,正义并非总是掌握在一群为此受过训练的官员手中。通常情况下,负责人是凭借他们的政治地位而非对法律的理解而掌权。当然,口耳相传的习俗或传统所规定的东西可能会存有争论。但是,成文法典越精细,就越需要有专家对其进行阐释。

当一个职业的专家队伍组成后,学识即其对大量法律文本

---

17 把牲畜甚至无生命的物体送上审判席的条款,见于雅典的法律(MacDowell, 1978: 117—118),图像则见于柏拉图的《法律篇》(*Laws*, 873d—e)。类似的观念勃兴于欧洲中世纪(参见 Evans, 1906)。

的掌握程度让他们脱颖而出，如果其中一部分文本被视为神圣的文本，那么他们必须展示的专业知识就可能既是宗教的，也是法律的。伊斯兰教提供了令人印象深刻的例证，在该宗教中，不同层次的法律截然分明，一些具有直接的神圣权威，另一些仅具有间接的神圣权威。中国古代律法和判例的激增可能是对法院审理案件的复杂性的一种回应。但显而易见，案件主题越复杂，精英阶层对他们所掌握的法律知识与经验的独特性的感觉就越强烈。因此，简化他们必须付诸实践的法律条文并不符合他们自己的利益。

同样清楚的是，革新的可能性至少在一定程度上与法律和宗教、法律和现行政治体系之间的关系有关。上帝钦定的法律是不可改变的。只有外来者、异教徒、渎神者会质疑由上帝钦定的经文的权威。在国王统治下的社会，一切事情都取决于统治者本人及其臣僚对变革建议的接纳程度。我们看到，在中国，存在着一个发展成熟的传统，当统治者被认为逾越了界限时，他们会受到申斥，无论是因为他们的统治失之于严，还是因为失之于宽，谏臣们都可能会告诉他们，他们的天命岌岌可危。当法律被认为是由人制定的时候，其他人就可以试图改变它们。但希腊的经验表明，在司法事务方面的激进变革必定会以不稳定为代价。如果法律取决于共识，并根据舆论的变化而修改，那么新的共识会持续多久？意见在多大程度上保持一致？

伟大的个体立法者可能会依靠他们的个人权威来获得认可，当然，这不能保证他们的立法能持续多久。当新的法律或法规是多数人投票的结果时，那么下一届议会可能取消它们的风险始终存在。在这种背景下，博学的精英也是喜忧参半，兼具优势和弱点。他们的专业精神可能很重要，但出于同样的原因，当把一切都归之于精英阶层自身的贡献时，这种专业精神也可能会抑制批评，限制革新。

与此同时，如果任何特定国家中法律与道德的张力时常处于紧绷的情况，那么国际关系中的这种张力形势甚至更加尖锐。当然，我们现在拥有规范商业争端、知识产权甚至领土边界的法律条款，这些规定有着或大或小的效力。除了国际法院（International Court of Justice）外，我们现在还有一个国际刑事法院（International Criminal Court）。但不得不承认，它的运作具有高度的选择性，法官背后的担当远非一致。主要是那些被美国或欧盟认为犯下战争罪、反人道罪或种族灭绝罪的人，被带上法庭审判（如果能抓到他们），在普通人看来，审判过程显得极其拖沓、冗长且代价昂贵。至于执行联合国的决议，这取决于安理会是否同意派遣武装部队作为"维和部队"——任何一个常任理事国的否决票都可能阻碍安理会的决议。根本不存在类似常设国际法执行机构的机构存在，也不太可能成立这样的机构，这主要有两个原因。首先是与道德问题上持续存在的分歧有关，种族灭绝是邪恶的，这是共识，但关于什么是种族灭绝经常引发激烈的争论，有时候还有一些似是而非的论点为那些力图否认有任何种族灭绝行为发生的人所利用。其次也可能是更重要的因素与大多数国家不愿让渡任何主权有关，即便个别政治家可能私下也承认，这在整体上符合人道利益，他们理应那样做。在此方面，未常见具有远见卓识的政治领导。

我们必须承认，法律在国家内部关系范围内或多或少有效地发挥作用。但涵括了共同道德原则的不成文法依然是乌托邦梦想的领域，如同它们在古代希腊和中国那样。

第七章　宗教

我们应该以什么标准来对某种信仰或是某种习俗进行判断，从而称其为"宗教"呢？如果我们满足于赋予它一个明确的定义，我们首先可以认同的就是，基督教、伊斯兰教、犹太教都是宗教。但显然，我们不应该把宗教的概念局限于一神教的范围内，我们还得把多神崇拜的宗教信仰囊括其中，例如现代印度教，或是古代希腊和罗马的多神教。还有那些多少有些哲学倾向的有神论和泛神论，我们对之又该如何处理？是否应该把人格化的神作为关键性的因素进行定义？如果确实如此，那么对佛教来说就会产生争议，同样的还有儒教，尽管它们两者都存在或曾有神职——这在某种程度上被认为是宗教的典型制度。同样，如果我们把信仰一个单一的——通常是仁慈的——至高神明作为宗教的基本要素，那么像拜火教这样存在二元体系的宗教就将被排除在外。神道教和道教在某种意义上坚持自然的神性，因而它们在超自然以及精神领域的观念与神人同形同性的论调有着很大的不同。对具有人形的神的信仰无疑是流传最为广泛的，要接受格思理（Guthrie，1993）所提出的神人同形同性已经成为世界范围内宗教渊源的主要趋势，还有较大的阻碍。

对于宗教的起源、宗教是在何种认知框架下发挥作用的，存在很多不同说法，我们依次来解读其中的一些。有关宗教与社会、宗教与科学、宗教与道德之间的关系都存有疑问。其中一个亟需关注的议题就是"自然"（natural）宗教。一些人认为，宗教体验是普世性的，由此，常常引发人们从"自然的"和"天启的"（revealed）这两个不同的角度来理解有关神的知识。这一对比已然经由各种不同的方式做出过解释。卢梭对这一区分提出过一种经典的表述，即认为"天启"宗教是教条主义的，但是，在当时新教徒和天主教徒因不同教义而引发的纷杂而又危险的争端面前，他十分清醒地意识到自我保护的需要。然而，他的著作《爱弥儿》（Émile）仍旧难逃频遭责难的命运，就在这本书刚刚问世的1762年，甚至有人将其当众焚毁。

现在如果说存在一种叫作"自然宗教"的事物，那么它可以兼容并蓄很多不同的形式，从而反映出宗教体验的各种不同模式。但站在它的极端对立面，如果说存在一种真正意义上的天启宗教，那么，世界宗教之林中的绝大多数宗教就会被当作妄望，或是因为被看作异端而愈加受到责难。这是哈里森（Harrison）在2002年提出的一个重要论题，他甚至认为"宗教"的单复数概念的出现可以追溯到启蒙运动时期，特别是在17世纪和18世纪的英格兰。[1]虽说宗教的自然性问题是在宗教改革的争辩过程和科学发展的启蒙阶段才开始出现的，然而，对神的信仰的起源以及应该如何崇拜神的问题早在希腊-罗马古典时期的异教徒那里就已经引起了激烈的争论——事实上，在古代中

---

[1] 参见松泽智子（Masuzawa）在2005年发表的有关"世界宗教"的著作，她把这些内容看作欧洲历史的一部分，而它们的显现则与大学课程密切相关，并且是一种"非常美国式的现象"(Masuzawa, 2005：32—33)。

国也一样,我们在后文中将会看到。哈里森甚至承认《新约》(Romans,1:18—23)中有专门的章节论及神的知识的两种不同的说法,即自然与天启的区别,而这在很大程度上破坏了他提出的"古典时期不存在宗教"的观点(Harrison,2002:14)。和我们所学的其他学科一样,在这个领域里,有一点很重要,即不能以现代西方的分类范畴去定义和评判世界上各种不同社会体制下的观念和做法。

的确,有相当丰富的人种志方面的材料为我们了解这种多样性提供了充分的证据,其中的大多数与该领域中的精英角色密切关联。在一部分社会群体中,神灵世界由专人进行沟通,这些人被称为"萨满",他们扮演了神灵世界与日常生活之间的媒介,[2] 但在很多其他的社会群体中,并没有诸如此类的专人。而在很多地方,人们借由举行通过仪式(rites of passage)来纪念个体逐步迈入社会的过程,与此同时,个体也被引入更深奥、更神秘的观念和仪式,这些内容不仅关乎个体与其他人类的联系,也关乎他们与神灵世界的联系。

根据巴思(Barth)的研究(1975),在巴克塔曼人(Baktaman)的这个极端案例里,此类仪式中有6—7个这样的阶段,在每个后续阶段里,个体会被告知他们在前一个阶段所学的内容存在很大问题,并且在道德层面上极为不堪。他们会发现,比如说自己在较早的仪式上打破了一个重要禁忌,并非出于疏忽,而是因为他们被教导那样做。整个程序都掌握在年长者的手中,但也只有社会群体中最年长的人才有信心保证不会再有让他们感到惊讶的事物出现——这也仅仅凭借他们在年龄上的优势。

---

[2] 有关萨满教的大量二手文献资料在第四章注释4中部分提及。

同样，一些宗教以庞大的神话体系支撑它们的信仰和仪式，另一些宗教则远没有这么多的叙事框架。那些关于世界起源和当下秩序的故事究竟是否属于宗教的范畴——在后者的范畴内，那些被用来祈福的实体或许是神灵，抑或是被赋予神力的世间物质，如水、土壤和天空。我们是否应当假设：如果人们将某个实体当作宗教事物，基于这种态度，该实体是否必须是人们加以明确崇拜的对象？或者是否能够这样说：被标榜为神圣的事物是否都能引起人们的敬畏？

一个类似的界定问题涉及祖先崇拜，它也是许多社会群体仪式和信仰的主要特征，在中国古代社会就存在这种状况（例如，可参见 Puett, 2002），现今的中国仍在较小程度上存在祖先崇拜的现象。在把这种表露深情回忆的仪态转化为宗教习俗的过程中，哪些因素是其特有的？那些被视为珍宝的先祖遗物又是何时被聚集在一起以成为真正的圣殿的？这种崇拜只是在特殊场合举行的祈祷和仪式，还是因为人们确实相信先人是有意识的存在，他们既会被冒犯，也能佑护活着的人幸福安康？然而，他们属于哪种活性主体（active agents），又具备哪些能力？一般意义上，神或者圣人是否能够直接干预人类生活，他们又是如何做到的？他们对于人类预言未来的尝试是否给予支持，这又是如何发生的？忠实的信徒会不会懂得诸如圣灵的运行方式，或者说他们只需相信神有时确实会显灵就足够了？

一直以来，宗教信仰常常与对死亡的焦虑联系在一起（Tylor, 1891）。但当人们认为死去的人还会在活着的人面前萦绕不去的时候，这是因为他们到那个世界的通过仪式没有正确地完成，还是说因为他们本身有罪？是不是每个人都有来世？当转世与信仰密切相关时，它可能会被视作一种确保公平的机制。

转世很有可能是不完美的标志，就像在一些希腊信仰以及佛教里认为的那样，理想的目标是脱离出转世的轮回。转世的性质取决于个体在前世的表现，你转世成为更高级或是更低级的生物反映出你德行的高低，也可以说是宇宙间奖励和惩罚的一种方式，这与人们相信有天堂和地狱的说法是异曲同工的，当然后者没有轮回的概念。

在古代中国和希腊，当宗教信仰和习俗逐渐成为批判性审查的对象时，想象神灵们如何运用他们被赋予的特性和功能成了人们的议论话题。希腊的神人同形同性观念至少在给人以生动直观的形象方面占有优势：各种以人类形象出现的男神和女神的塑像在神庙随处可见，这些神还被搬上了悲剧和喜剧的舞台，有时他们很容易被辨别，而有时会被隐匿（就像欧里庇得斯《酒神的伴侣》[*Bacchae*]开篇中的狄奥尼索斯）。然而，从公元前6世纪开始，神以人形出现的观念逐渐遭到批评和质疑。哲学家们不断地提出这个问题，他们之中也不乏像柏拉图那样地位十分显赫的哲学家。与此同时，其他一些攻击（像智者克里底亚[Critias]）加深了嘲讽的意味。他们认为，神是被一些个人为达到控制社会的目的而发明的，利用神会惩罚人类的威慑来防止人们做坏事，但他们没有提及个人的名字。这种理性化的解释并没有在希腊-罗马世界里产生多大的影响力，人们还是对神人合一的神灵进行崇拜活动。而那样的解释确实常常有利于那些从习俗角度而非从信仰角度去定义宗教的人们（参阅 Keane，2008）。信仰或许会遭到挑战（它们如何被合理化？），而习俗却可仅凭传统的因袭关系而得以延续。

在公元前3世纪的中国曾发生类似的情况，当时一批文人明确提出反对信仰鬼神。荀子给这种信仰的起源做出了合理的解释，认为它们是源于人类的恐惧和困惑，并且否认对它们进行供奉会有任何好处。[3] 在之后的 1 世纪，王充也发表了一连串的言论，揭露了许多公众信仰中的错误、矛盾和谬论。[4] 但就像在希腊那样，知识分子的攻击似乎并没有对惯有的习俗产生多大影响。祖先崇拜的习俗还是一如既往地得到承袭，在人们的观念中根深蒂固。它是封建帝国确保其正统性的重要因素（Puett，2002），在不同时期，国家都会积极地扶植宗教机构、寺庙和神职人员的设立和建设，从道教、佛教一直到儒教（Overmyer et al.，1995；Robinet，1997）。

这里有一个关键且反复出现的问题涉及个人与群体间的张力。各种神秘主义传统在诸如古希腊的异教、苏非派以及基督教里都有所体现，尽管它们各不相同，但有一个共通之处，即从某种意义上来说，它们的宗教体验是无法用语言来描述的（参见 James，1902）。这种不可言说性常常会阻碍一般人的理解，但对于忠实的信众来说，它不仅不会贬损，反而更增加了其神秘的一面，使之更称得上是真正意义上的虔诚信徒。

尤其自浪漫主义运动起，西方社会的许多人可能开始相信，绝大多数宗教体验是非常个人的。进行礼拜仪式的人与上帝、圣人或是他们所祈求的神灵有一种亲密的关系。而与此同时，很多宗教仪式都是群体活动。大量信众聚集在圣彼得广场上聆听教皇在圣诞节或复活节的赐福。越发多的信众在麦加围绕着圣殿进行祈福。但是，在某些一神论的宗教里，对聚众参与是有明确要求的，任何违反规定的行为都将受到处罚。于

---

3 《荀子》（*Xunzi*，21），参阅 Knoblock，1988—1994：iii.108—110。
4 《论衡》的很多章节都涉及这些内容，其中的《自然篇》（18：365ff.）、《卜筮篇》（24：482ff.）、《奇怪篇》（3：73ff.）以及《实知篇》（26：519ff.）特别值得一提。

是，参与者的个人信念可能远不及虔诚的礼拜者祈祷他们各自的保护神时来得那么牢固。在某些情况下，参与者可能只是为了社会团结的需要，或者仅仅是为了表明他们乐意传承祖辈们延续下来的风俗而参与其中。然而，不管是个人的深切认同，还是群体的参与，或是两者的结合，它们都难以用于定义宗教的特征。

另一个产生于较为晚近的西方现象是，宗教似乎被科学威胁了，当时人们认为宗教的某些信仰与科学所建立起来的内容存在冲突，这至少符合了大多数人的看法。[5]诚然，在古代希腊也有这样的先例，彼时一些自然哲学观念被认为破坏了公众的宗教信仰。有些言论确实引起了麻烦，例如，说太阳是一颗与伯罗奔尼撒半岛差不多大小的炽热燃烧着的石块（阿那克萨戈拉），而阿里斯托芬也给剧中的苏格拉底安上了相似的观点，正是这个因素导致了他后来受审并最终被处以死刑，至少在柏拉图看来是如此。但需要指出的是，这是一起自诉案例，并非是由教会之类的机构发起的公诉。然而，随着17世纪科学的兴起，当人们发现它与《圣经》的教义产生冲突时，据信存在的两者

---

[5] 李约瑟（Needham）在1925年出版的一系列文章中提供了强有力的证据，不仅反映了当时宗教和科学间日益深化的矛盾，同时也给出了各种解决"问题"的"方案"。马林诺夫斯基（Malinowski）在题为《巫术、科学与宗教》（"Magic Science and Religion"）一章里，仍旧采用了也曾是弗雷泽（Frazer）和泰勒（Tylor）研究理论核心的进化论假说的框架。基于这种观念，三者——但其顺序应该为巫术、宗教、科学——代表了文化发展的三个阶段（参阅Tambiah, 1990）。这种观念已然过时。但现在仍然存在把宗教与巫术相分离，把宗教与诸如法术、鬼神学、通神学甚至是迷信等其他信仰和崇拜方式相分离的问题。对于科学与宗教间的关系这一问题较为晚近的讨论，可参见布鲁克（Brooke, 1991）。

间的矛盾越发激烈。[6]

　　面对这个问题，人们通常会先尝试第一种办法，而且至今仍在使用，即否认科学的确建立了有关它所声称要揭示的事物体系，不管是日心说或是地球存在的年份，还是物种的演变。但还有一个更加微妙的回应，即一些看似与科学所持观念相互矛盾的神圣的经文被以特殊的方式加以理解，比如说仅仅作为象征意义来理解。其实，宗教话语的象征意义的理解方式通常也在那些与科学观念相悖之外的其他文本语境中受到推崇，就像我稍后要讲到的许多宗教信仰里存在的悖论那样。在基督教的三位一体论中，总是存在两方面的压力，一方面需要从字面上去接受这些信仰条文，而另一方面却很难做到，譬如说童贞女生子和圣餐变体论。因而，人们只能相信，任何关于上帝的话语都是特殊的。一些人认为，这些话语所涉之处，矛盾律就得打破，而另一些人则反对这样的做法，认为这剥夺了对上帝论述最低限度的理解需求。[7]

　　当象征意义的策略反过来显得不够完备之时，宗教宁可选择退避，回归到它称得上是权威的领域去进行定义。它所谓的权威并不是指对自然世界的理解，而是指对救赎或道德的理解，但后者可能会在其他方面引发抗议——并非来自科学，而是来

---

[6] 然而，让人倍感矛盾的是，在古代、近代早期对自然进行调查研究的那些最为活跃的人群中间，很多人都有自己坚定的宗教信仰，他们把自然规律看作仁慈的创世主上帝所做的一切的佐证。于是，一些近代历史学家也认为，科学研究大大得益于对上帝的信仰，而不是破坏任何一种信仰。像韦伯就提出过这样的观点，即他所谓的新教伦理对资本主义及其他近代理性方式的发展产生了一定影响，但他的这个观点在当今饱受批评（Weber, [1930] 2001）。

[7] 17世纪晚期莱布尼茨、法布里有关该问题的辩论，参见达斯卡拉（Dascal 2006 : 237ff.）。

自哲学。因为一些人或许认为，宗教在很多时候都借助了哲学的本体论和认识论，还有一些它在道德上的观点。然而，当宗教坚持认为它确实是一个独立的领域，那么它还有一线胜利的希望。它不需要科学解释，甚至不需要道德和社会正义的基础，而是告诉人们，活着不仅仅是世俗观念上的幸福概念，更多的意义是与上帝建立稳定的关系。

为了使信仰或习俗能被认可为宗教，人们尝试为此提供明确的必要和充分条件。我们很快就会发现，绝大多数这类努力都会遭遇严重的阻碍。若是把这些不同类型的方法稍加比较，就会发现它们呈现出不同的多样性。例如，格尔兹（Geertz, 1973：90ff.）对他提出的多重性宗教定义做出补充解释，即宗教是"一种用以在人类心中建立起强大、普遍、持久的情绪和动机的符号系统，它是通过对生活中的一般秩序进行概念上的规范，并对这些概念辅以真实性的光环，使得情绪和动机看似贴切逼真"。而霍顿（Horton, 1960）则批评涂尔干所持的宗教发源于人类社会关系的观点，认为"宗教可以被看作人类社会关系领域的一种延伸，超越于纯粹的人类社会界限之外"，而在身处这种延伸中的人们看来，他们自身对"不属于人类的彼岸事物（alter）有着依赖关系"（Horton, 1960：211）。[8] 但

---

[8] 但在之后的一篇文章里，霍顿提出，被人们通常区分为非洲传统思想和西方科学的两者间实则有着较为密切的类同关系（Horton, 1970），尽管很少有人赞同他的说法。事实上，两者都对无形的存在做出承诺，但它们各自实现的方式则有着根本性的区别。而在主要由霍顿提出的关于宗教是"知性的"还是"符号的"问题上，部分重要分析由斯佩贝尔（Sperber）分别在1975年、1985年提出，斯科鲁普斯基（Skorupski）在1976年也做出了相关分析。关于这个问题的论辩成为从更泛意义上理解"纯粹非理性信仰"的讨论的一部分（也可参阅温奇［Winch, 1970］、麦金太尔［MacIntyre, 1970］，维特根斯坦的宗教讲座，讲座笔记在1966年出版）。

假若我们回溯到泰勒（Tylor，1891：i.424）就会发现，狭义上的宗教只是一种"对有灵性的存在体的信仰"（参阅 Goody，1961）。

因此，宗教对一些人而言，情绪或情感是其核心，对另一些人而言，它超越人类能力，对还有一些人而言，它是人类社会关系中所隐藏的意识形态基础。到目前为止，我们尚未提及马克思的那句著名的格言，即宗教是人民的鸦片，用来蒙蔽他们，把他们的注意力从阶级斗争中转移出来。公认的神职人员、固定的礼拜场所、自成一体的仪式、一本神圣的经文，这些或许都是宗教称为宗教的充分条件。"神职""崇拜""仪式"和"神圣"等词汇的使用，凸显了这种构思框架下循环往复的可能性。然而，把这些内容都作为必要条件无疑是过于苛刻了。反过来说，若是只要求了精神层面的内容，就会被持相反意见者们认为定义过于宽泛，而任何关于不同于人类并较之人类强大的力量的单一想法也一样会被诟病。那些不认可任何神也没有投身于任何有组织的、形成制度化的信仰的人，或许会对一场海啸或一次地震所释放出来的威力感到敬畏，但他们绝不是从宗教角度出发思考问题。

但假若，如同许多人已然指出的那样，定义的难度确实很大（例如，可参阅 Saler，2000，Whitehouse，2004），我们可能仍旧要试探性地从那些通常被人们承认的宗教信仰里对某些一再出现的特征做出识别，即便它们也许并不具备普遍性。博伊尔（Boyer，1994，2001）提出的说法具有一定可信性，他认为其中一个反复出现的特征是常规观念（即与主体、动机、或多或少明显的因果关系有关）与高度反直觉的观念结合（也可参阅 Pyysiäinen，2001；Pyysiäinen and Anttonen，2002；Atran，2002）。这也是为什么许多宗教都存有悖论的原因。例如，上帝是无所不在的。我们很清楚地知道它在某些情况下会是怎样的，而在某种情况下会出现的情形通常不适用于另一种情况。但这样的规则或许对神灵不适用，甚至不仅仅是对神灵自身。人们认为，萨满具有脱离肉身并且穿越到另一个世界与生活在那里的灵魂进行沟通的能力，而与此同时，他们的肉身仍维持在现世，为人们所见。在希腊的古典时代，就有关于两位能够穿越到灵界的智者阿巴里斯（Abaris）和亚里斯提亚（Aristeas）的记录（Bolton，1962），毕达哥拉斯也曾被发现同时出现在两个不同的地方。

当然，一般而言这些现象不常发生，而一些持怀疑论者可能更愿意接受这些现象在某些特殊情况下确实出现过的说法。[9] 但人们也许会说，宗教专注于反常的、不可思议的东西，常常被认为是在考验信众对于信仰的坚定程度。就像德尔图良（Tertullian）在3世纪早期所说的："上帝之子已然逝去：人们相信了，因为这很荒谬。在被安葬后他又得以复活：人们确信无疑，因为这是不可能发生的事。"[10] 于是，神圣（the sacred）以此从世俗

---

[9] 我在第四章注释6里对萨满教做简单讨论的时候，提及了这个问题并给出了例证。我指出，对某位萨满表示质疑是一回事，而对整个萨满经验有所怀疑则是另一回事。显然，不信奉国教的行为在那些实行一神教的社会里将会受到更大挑战，因为那些不信奉国教的人会被归为异教徒，而不仅仅被看作持怀疑论者。此外，这类宗教通常都有各自任命祭司和主祭的方式，当他们违反规定时也会遭到处罚，因此，个人是如何作为的、整个系统又是如何运行的，对于这两个问题，要揭示它们之间的区别不易。当然，我们无论是在20世纪还是在更早前的年代，都可以找到这样的例证：若是有祭司在行为上有所失职，那么这个阶层就会团结起来一致对外。

[10] 参见德尔图良（Tertullian, *On the Flesh of Christ*, ch.5）。他的原文是"credibile est, quia ineptum est"（因为荒谬，所以信仰）和"certum est, quia impossibile est"（因为不真实，所以坚信），这句话的基本形式转而成为各种不同表述的效仿对象。

中脱颖而出,然而,世俗仍旧要作为标杆来界定神圣是否偏离正轨。这种分析手段确实存在,但也有一些宗教认为它们是包容一切的。上帝俯瞰一切,包括人类生活的各个方面,[11]以及物质世界的任何一个细节。这种观念倾向于消除神圣和世俗之间的差别。

在这方面,我们在其他需要树立权威的学科中也能找出类似的例证,如医学。那些声称掌握超能力的人能够获得特殊的地位。但在某种意义上也存在两难处境。也就是说,医术越是离奇,普通人也许越是需要相信它是真实的。就医学方面来看,患者也许会逐渐接受这样的观念:他们所得到的奇怪的治疗——包括对其基本原理的奇怪解释——的的确确产生了相应的效果。在此过程中,他们也许就会改变他们对于健康和真正意义上的幸福的看法。而对于失败的案例,正如我先前所说的,可以归咎于没有按照正确的方法来落实,而不会对方法本身的缺陷有所质疑。同样,对于祷告来说,情况也是如此。祷告没有应验可能会被归咎于祈祷者缺乏诚心。相反,当一些符合他们预期的结果出现(如祈求雨水,就降雨了),他们就会更加相信祷告能够产生的实效,尽管也经常会有不成功的情况出现。

同样,宗教文本是如何逐步被人们视为典范,与一本医学典籍是如何占据重要位置的过程相似。在后一种情况下,得到该领域内权威专家的共同认可很重要,尽管在极端情况下,医书上也会出现用天启观念作为积极疗法的案例。当然,宗教文本里所涵盖的有关上帝或是先知的言行则要多得多。然而,一旦宗教文本的神圣地位得到认可后,对其内容存有的怀疑态度

---

11 正如我在第六章指出的那样,全能的上帝的观念对道德产生深刻影响,即便在不同领域,法律或多或少都直接获得了神的认可。

都将被迫中止，违反规定的人将被逐出教会。因此，从某种程度上说，这些文本的内容越是反直觉的则越好，像一些神奇的故事、神秘的事物或是奇妙的悖论，至少可以用它来辨别哪些是真正的信众，哪些则是异教徒。一般而言，人们通过教义和誓言来建立这种承诺。

147　　这绝不是在怀疑信徒的诚心，也不是在考验他们是否从信念中得到安慰。[12] 宗教案例最不同于医学案例的是，宗教涉及群体团结的问题。不认同医学正统的普通人并不会受到社会的惩罚，但我也曾提到过这种情况，即怀有抱负的医者或许会因此不被精英阶层接受。而不认同你所属群体的宗教信仰和习俗通常会被孤立。宗教传播的范围越广泛，就越能强调它是唯一真理，而对异见者来说，他们面临的麻烦也就越大。一些人试图顺从于他们并不认同的教义和宗教仪式，而另一些人则尝试去改变它们，还有一些人则选择放弃，他们抛弃信仰，甚至出于自愿或受环境所迫而殉难。显然，宗教和我们先前讨论的其他知识学科所共有的特点是：这个领域内的各种权力关系也是错综复杂的。尽管宗教呈现出多样性，但也有重复出现的特征，即都有一位与神存在特殊联系的、能够向其他人发号施令的权威人物。

　　然而，谁能承担这样一个特殊角色成为关键问题。在一些宗教里，或至少在某些宗教的某些教派里，只有宗教领袖，例如祭司，才有直接与神接触的机会。普通的信众只能通过中间媒介，即祭司，与神接触，就像有些祭司可能需要通过圣徒作

12　博伊德（Boyd）、里彻森（Richerson）（2006）在对宗教信仰可能有助于社会进步的问题（暂且不论该问题受到何种评价）提出看法时，概括了上述观点。但是，格尔兹曾提出这样的观点（1973：114ff.）：宗教不一定能给人带来安慰，因为它也可能传达出一种对日常生活的高度恐惧感。

为中间媒介才能与神接触一样。但在其他一些宗教体制中就不需要诸如此类的代祷（intercession），每个人无一例外都能直接与神交流。这并不意味着在后一种情况下权力关系完全被打破，因为仍旧常常存在着部分人士，如年长者，在宗教事务中比其他人更具权威性。虽说每个人都可能接受神的指引，但在能力的分配上还是很不平均。关键问题在于，中间媒介承担着两重功能：一方面提供了与神接触的途径，另一方面则暗示了与神接触的难度并可对之加以控制。

如果说宗教领域可以以多种方式构建，那么它与政治权力关系的进一步问题也同样复杂。韦伯（1947）把许多宗教领袖的个人魅力与其他权威模式进行对比，并将之总结为"传统的"和"法律的或政治的"两种模式。这些分析对了解它们之间的区别很有帮助，但在实践中两者时常被混淆。彼得·布朗（Peter Brown）提及（2003：ch.7），在基督教早期，主教通常是他所在群体中最重要的政治领袖，同时拥有宗教和世俗的权力。然而，德蒂安的合作者最近的研究提醒我们（Detienne, 2003），宗教派别有时扮演了某种与政治制度抗衡的作用力。例如，说到博罗西努福人（Poro Senoufo）的秘密集会，泽姆普朗尼（Zempléni, 2003）告诉我们，他们是如何策划了一场公开平等的辩论，打破了群体内原本正式而等级森严的政治结构（参阅已提及的 Little, 1965, 1966）。

宗教等级常常以洁净程度划分，不洁净的概念被用来指称处于下层地位的个人或群体，或是某些不被接受甚至是危险的行为。正如玛丽·道格拉斯（Mary Douglas, 1966）所提出的那样，在某个社会群体中被认为是不洁净的事物直接与它的核心价值和道德观念有关。身体的洁净绝不仅仅指物质层面的，而同时也涵盖了心理、道德和宗教层面对于洁净和不洁概念的应用。在进入一处圣地前，你必须保持洁净，而这就意味着不仅要清洗你的双手，同时也要检视你的良心，坦诚你的罪行，以请求宽恕。不同的社会群体对于需要怎么做才称得上洁净以及如何避免不洁的要求差别很大。生理期、性行为、近亲结婚等都会被认为是不洁，但也有例外。[13] 因此，如果我们试图找出跨文化间的普遍性，那就是所谓在更多的情况下的不洁而并不是针对事物本身，而仅是强调不洁的概念。这个概念的威慑力从某种程度上源自它的模糊性。于是，那些主张或坚持区分洁净和不洁之物的人对行为的各个方面都实行了广泛而隐秘的控制。而当整个阶层被归类为不洁之时，就像在印度教里那样，出于为社会顶层利益考虑，用这个概念来建立和维持社群界限的目的就显露无遗了。

宗教事务中的威望或许是通过对于宗教文本或其解释的掌握和精通，或个人所具备的贤明、神圣、圣洁等特质而建立起来。富有魅力的领袖、新兴宗教的创立者或许在起步之时表现得很有个性，但如果他们想使教义变得更为普及，那就要在他们身边安排一位精英，他们可以是信徒、使徒、释道者，或多或少带有优选的等级观念，这或许是为了显示忠诚和学问，以表明他们的天职。然而，一旦宗教对教堂、寺庙、神学院、教会学校等机构进行制度化管理，并且建立起一套堪称典范的教义，紧接着就会出现这样一个问题：人们怎么能够对已被接受为基本原则的信仰信条，或是由正统教义所规定的行为模式做

13　有关古希腊人对女性生理期的看法，参见迪安-琼斯（Dean-Jones, 1994）、金（King, 1998）。关于希腊人和埃及人在近亲结婚问题上的观念，参见霍普金斯（Hopkins, 1980）、沙伊德尔（Scheidel, 1997）。关于不洁问题的概述，参见 Parker, 1983。

出任何改变？[14]当一位精英阶层的人掌控大权时，不管他是祭司还是神学家或仅仅是年长者，革新何以谈起？也许在其他领域内，变革或多或少都会受到欢迎。但在宗教领域内，它容易引起不稳定因素，从而带来恐慌，宗教的制度基础越是牢固，所受到的威胁也就越大。

从多年来在各地进行的民族志调查分析来看，我们可以肯定，变革的确时有发生，在信仰上或是在习俗上，不管这些变革有没有被公开承认，而有时我们也可以清晰地看到，不管是过去还是现在，这些变革反映出了殖民势力所带来的影响。[15]但通常来说，在社会组织的实践力以及覆盖信仰的体系足够强大的情况下，变革的力量难以对之形成挑战。而将非教徒（outsiders）纳入已有体系的做法也不会有任何好处，因为这样，他们提出的主张或异议就显得毫无价值了。事实上，他们也许更有助于确立正统，因为他们为之提供了什么不该信，什么不该做的警示性案例。

多神教可以在崇拜的神和崇拜方式上为人们提供多种选择，甚至可以容忍教内信徒的不同观点；而一神教在面对其他与神有关的观念时，常常更易于采取防御态势。它可以选择不同的方法。其中较为激烈的反应就是试图消灭或改变对方的信仰，或者至少禁止他们举行宗教仪式。还有一种方法是，他们可以做到忽略对方的存在，或者在较少情况下，他们至少会容忍对方。要向其他人解释清楚某位神是如何优待他的选民的，

14　参阅怀特豪斯（Whitehouse，1995，2000）。安多（Ando）在2008年提出与早期基督教以及将它与罗马异教做出对比的问题，在他看来，前者基于信仰，而后者基于知识。

15　就像一个殖民大国禁止它认为无法容忍的传统习俗（无论是一夫多妻制还是割头风俗）一样。

这可能是件困难的事，尤其是对于有了一定历史积淀的事件。但通常来说，这样的选择不需要任何解释。事实上，伊斯兰教在某种程度上能够容纳"圣书之民"（people of the book）。犹太教承认所有人类都是诺亚的子民且都必须遵从诺亚律法（Noahide Laws）。基督教以炼狱作为介于天堂和地狱之间的过渡场所，让那些有良好道德但没有受过洗礼的人有安身之地。然而，在16世纪和17世纪一场著名的关于"仪式"的论辩中，罗马教会在提及中国宗教的术语时遇到了很大的困难，首先就碰到这样一个问题：中国人有没有能够用来准确表达"上帝"（God）这一概念的字眼？如果把他们的仪式归类为宗教，他们就错了：为了适应它们，这些仪式绝不能归类为宗教，而应该称之为世俗的，也就仅仅是民间的、社会的或是精神上的信仰。[16] 此外，从定义上就能看出，没有哪个信奉一神的宗教允许在唯一真神的问题上做出妥协，这也就意味着，如果并不是每个人都认同他们，可能会导致唯一真理的信奉者发出更多而不是更少的尖锐呼声，以此来证明他们的唯一性和真理性。

但对于信众来说，不管他们处于群体边缘还是中心位置，都可能会尝试去修订和革新。这或许反映了群体内部存在的竞争状态，那些为赢得声望而参与竞争的人通过各种方式争取权力，比如宣扬自己更加神圣或虔诚，与神的关系更为密切，得

---

16 其中一个主要问题是，皈依基督教的中国人是否仍旧可以进行祖先崇拜活动。在意识到事实上规劝潜在的皈依者抛弃其原来的祖先崇拜确实难以实现的时候，驻扎中国的耶稣会传教士通常都会采取包容的态度。但在罗马，经历了几次政策上的变动后，那些反对任何妥协措施的人最终占了上风，并于1742年由教皇本笃十四世（Benedict XIV）下诏，裁定中国本土的礼制为偶像崇拜。参见 Mungello，1994，也可参阅谢和耐（Gernet，1985）著作里有关中国知识分子站在他们的立场上对耶稣会教士所传授的教义进行的讨论。

到了神的启示，或者有创造奇迹的能力。远在路德出现之前，我们就经常能在基督教的历史过程中听到这样的呼声，即向往回归至最初的、针对基督本身的教义和习俗，消除它们变得越发多余冗杂的部分。但长期来看，维持教派所主张的简朴远不如发现它偏离其最初的信仰那么容易。

同样，如果一个宗教完全没有兑现它对信众的承诺——比如流淌着奶与蜜的土地，或诸如此类的，那么有可能会引起反对、怀疑、批判，尽管在我看来，这些失败可能会得到重新解释，并且将之归因于信众的问题而非信仰的欺骗。对千禧年崇拜（millenarian cult）的研究告诉我们，当事实真相有悖于他们所宣称的内容时，他们的抵触感会非常强烈，例如会坚持认为这些逆流是上帝特别用来考验信众的信念是否坚定的。[17] 有一个发生在近代的著名案例，费斯廷格（Festinger）、里肯（Riecken）和沙赫特（Schachter）在1956年对之做过研究，即当地球将在某个特定日子遭到毁灭的预言被证实是错误的时候，教派内的绝大多数成员都将之理解为，是整个群体散播了足够多的光热才使得上帝制止了这场灾难。

正如我所说，人们可能认为随着哲学尤其是科学的发展进步，宗教理应证明它的合法地位。但当他们先是面对哥白尼和伽利略，而后又面对达尔文的时候，基督教会首先选择的是否认这些进步。但如今更为常见的是我提及的另一种反应，即坚持认为不需要类似的证明，他们的理由是这三个领域之间没有交集。不管哲学或科学会说些什么，他们都无法涉足宗教领域，

17　对美拉尼西亚船货崇拜（Melanesian cargo cults）的研究最有价值的内容，参阅沃斯利（Worsley, 1957）。也可参阅贾维（Jarvie, 1970）、怀特豪斯（Whitehouse, 1995）。更为笼统的是沃伊斯克（Wojcik, 1997：ch.6）。

因为它是一种通过神的启示来理解神的特殊方式。[18]

152　　在 21 世纪的今天，宗教仍占据超乎寻常的地位，这表明，宗教随着其他学科也愈来愈注重经验的运用从而面临不可逆的衰落这一实证主义假设是大错特错的。显然，由生活经验得来的信念既不是唯一也不是最重要的衡量标准。宗教信仰和习俗中的反直觉要素有利有弊。一方面，神的完全超乎常人的特性会在信众心目中形成宗教是值得信仰的认识。另一方面，这种特殊性会不断对其可信度施压，也是其易受挑战之冲击的一个固有的潜在因素。宗教活动要形成常规化，这样它所依赖的那些显而易见的、似是而非的观点就不会在认识上招来严重的不和谐的声音（参阅 Whitehouse, 2000）。在面对批评和反对意见时，并不是所有的宗教都有精英捍卫它们的地位——精英能够维持他们自身的权威性在一定程度上也是凭借他们处理这些危机时所表现出的能力。但是，不管有没有精英站出来解释，总存在这样一个悖论，那就是，信仰中的那些存疑点可以被转化为正确无误的内容。

18　鲍金霍恩（Polkinghorne, 2000 : 41）引述了"在末世论的话语体系里，科学通常都会提出问题，而后主要指望以神学来解答"的观点。然而，或许应该这样予以回击，即告知他们，由科学提出的问题该由科学来回答。不论宗教给人们带来了怎样的满足感，这都不能表示它能够解答基于理性的科学问题。

第八章　科学

数十年来，科学哲学争论着如何给科学下定义。和其他篇章一样，我在本章中的兴趣集中在跨文化的视角上。我面临的第一个问题是：这样的视角是否可能？按照传统的看法，"科学"是现代西方的一个独特现象。挑战这一观点将引导我探讨更广泛的问题，它们与推动（或阻碍）对自然进行系统探索有关；它还促使我对精英在其过程中所发挥的积极和消极作用进行考察（我在其他篇章中也是这样做的）。

我再次对将要采取的策略进行简单介绍。首先，我会引入适才提到的那个问题，也就是：在非西方但却是现代的背景下谈论"科学"是否有意义？为了解决这个问题，我将运用一个对比，也就是有关"科学"的一种狭义看法与一种广义看法之间的对比。它与我先前用在"哲学"相关问题上的那个对比有相似之处。在我看来，无论是狭义还是广义的看法，它们都有其说服力，亦都有其缺陷。尤其是（我在下面会提出来）在面对传统（也就是狭义的）看法时，会有一些问题涌现。

之后，我会进一步，提出一个难题：当激烈的创新在科学探索领域发生时，我们应如何理解它，比如在有人宣告一种明显焕然一新的探索自然现象的新模式诞生时，如何理解这种现象？它涉及的是全新的认知能力吗？此事如何能成？如果我们采用相反的看法，相信人类的认知能力和潜能随时代、文化的不同而不同，那么，对于在人们看来发生在科学探索中的革命，我们应如何解释？在这里，区分不同的科学探索模式便是非常重要的了，所谓"科学探索模式"即是一个先由克龙比（Crombie），后由哈金（Hacking）发展出来的概念。只有这样做了，我们才能指望探明每种科学探索模式的创新之处，它在什么地方利用了大范围的（如果不是全世界的）人类能力。摆在我们面前的是一个屡见不鲜的问题，也就是以下两者之间的冲突：其一是尝试对科学进行总体概括；其二是承认科学令人瞩目的多样性（甚至是站在传统的狭义视角上看待这个问题）(参阅 Dupré, 1993；Dunbar, 1995；Galison and Stump, 1996；Haack, 2007)。

在开篇谈论哲学的那一章，我首先指出了狭义、广义哲学观之间的冲突。狭义哲学观对有着清晰范围的某些科目进行了细致分析，以此而对哲学做出定义；相比之下，广义哲学观谈论了人类的基本认知能力，比如在如何做事、生活的意义是什么（此即道德领域）这些问题上的逻辑推理能力，或提出问题的能力，以此而对哲学做出定义。之后是我观察到的一个与哲学有关的现象：在欧洲、北美的大学，有关哲学课程的构成、学习有大量不同的观点不断出现。

我在本章中谈到的第二点是，相比哲学研究，有关化学以至基本的粒子物理学研究，人们现今达到了一个更强的共识——尽管下面一点值得我们明明白白地指出来：就众所公认的这两门具有代表性的自然科学而言，人们对其探索极为不同。我在下文会再来讨论这个问题。不过，如果我们使用的是总称词"科学"以及其他欧洲语言中被认为与此相近的对应词语，那么，就我们所讨论的这些词语所涵盖的事物范围而言，人们的看法之间肯定是有可觉察的差异的。在"哲学"及其他的欧洲同源词身上，我所持的就是这样的看法，在某种程度上，我的看法到现在仍是事实。拉丁语 *scientia* 是个意指系统知识的总称词，[1] 在法语 *science*、意大利语 *scienza*、西班牙语 *ciencia* 中，这种概括性的语义继续保存下来。德语中的 *Wissenschaft* 有着相似的语义范围，用来具体指称我们所谓的"自然科学"的德语词是 *Naturwissenschaften*。而在日常使用的英语中，没有附加条件的单词"科学"最重要的意指便是那些"自然科学"。当然，心理学、人类学、经济学、"社会科学"一般亦可自称（正规的）科学，不过，关于这样的说法在多大程度上、有什么根据站得住脚，相关学科内部、外部都因此产生了大量争论。某些人热衷于为这种说法提供论证，与此同时，其他人则认为它在根本上具有误导性。事实上，持实证主义立场的哲学家同样认为自己所研究的东西属于"道德科学"，如同我在前文指出的，剑桥大学学习哲学的本科生要获得学士学位，他们所参加的考试直到最近还被叫作"道德科学荣誉学位考试"。不过，就自然科学作为科学之范从而具有主导地位而言，相比其他欧洲国家，此种现象在英语世界的表现要显眼多了。

这将我带回我提及的第一点，即对科学的狭义解释和广义解释之间的对比。从更传统的视角来看，人们从事的科学工作

---

1 汉语"学"（意为"学习"）的情况也是如此（参见 Lloyd and Sivin, 2002:5）。这个词后来经过改造，用来对译指代"科学""哲学"的欧洲单词，不过，直到19世纪才如此。译词"科学"是"学"加上"科"，译词"哲学"是"学"加上"哲"。

仅在过去150年左右的时间里才被实践,最多也就是从17世纪的科学革命开始。或许,我们并不需要各式各样的现代实验室的复杂器具,但是,"物理数学化"之类的概念、一般意义上的数量分析、假设和定理特别是实验方法,是必需的。[2] 这样,可以肯定地说,至少在某种程度上,科学不是一个见于任何时代、任何人类社会的世界现象。

而从一个更为宽泛的视角来看,可以说科学存在于任何对大量自然现象有系统认知的地方,不管此种认知是不是对研究计划——为明确的"科学方法"所统摄的研究计划——加以自觉运用的产物。有一些极为细致、复杂的动植物分类记载与菲律宾哈努诺人(Hanunóo)之类的社群有关。照上述观点来看,这些分类记载可算作科学了(Conklin, 1954),尽管我们无从知晓这些知识最初从何而来,也不清楚它们经历了一个怎样的巩固过程。[3] 列维-斯特劳斯引用了这个事例(Lévi-Strauss, 1966: ch.1),他想做的是将他所谓的"具体的科学"(或者用他的原话说:*la science du concret*)的情形描绘出来,在这里,我们应当知道,法语 *science* 的涵盖范围要更广些。哈努诺人通过不同的名词命名的植物超过1625种。事实上,当地93%的植物经他们命名而有了文化上的意义。同样,成千上万今日存在的昆虫形式被哈努诺人归入108个得到命名的类别中,其中蚂蚁、白蚁占了13个门类。

在这方面,哈努诺人远称不上是独一无二的。还有许多其

---

[2] 按照某些说法,人们在"科学革命"中发现的是"发现的原理",尽管对于这究竟算是发现还是应被当作发明(这是本章所论问题的一种表达方式)仍存争议。

[3] 在获取的知识的意义上,而非不断展开探索的意义上,我们可以将其视作科学。

第八章 科学

他的社群同样对动植物进行过细致分类，其中便有罗伯特·福克斯研究过的皮纳图博矮黑人（Pinatubo Negritos［Robert Fox，1952］）。举例来说，福克斯评论过以栖息地为依据区分不同种类的蝙蝠的做法。"*tididín* 在干燥的棕榈叶上栖息，*dikidík* 以野香蕉叶的底面为窝，*litlít* 住在竹林丛中，*kolumbóy* 住在树洞里，*konanabá* 隐身在黑暗的灌木丛里，等等。通过这种方式，皮纳图博矮黑人能对 15 种以上的蝙蝠的习性进行区分。"不过，福克斯还写道："当然，蝙蝠以及昆虫、鸟类、兽类、鱼类、植物的分类主要是由实际的生理差异和/或相似之处决定的。"（Fox，1952：187—188）一方面，民间对动植物的许多分类揭示了丰富的信息；另一方面，城市化的现代西方人对动植物的认知少得可怜。作为罗斯和其他人的评论对象（Ross，2002），这个差异是极为显著的。有一位就读于美国重点大学的优等生，被要求辨别自己所知的所有树类，她最终将它们归为 10 类。有人拿植物来问她，她说在树以外的所有植物都超出了她的思考范围。她自称对被子植物、裸子植物等了如指掌，不过，此种了解仅限于"生物学"："它与植物、树木没有真正的关系。"(Atran，Medin and Ross，2004：395)

列维-斯特劳斯在讨论"具体的科学"时所用的全部事例均来自与存在至今的那些社群有关的民族志材料。不过除了这些，我们还能列举不同古代社会所取得的大量成就，不仅是自然物的分类，像存在于美索不达米亚、中国、希腊的某些事物，比如对日月蚀成因的理解、预测日月蚀的能力，也包含在内。不仅如此，与哈努诺人的事例不同的是，借助这些古代社会的事例，我们能就本章所论的某些人类成就的历史——也就是说知识是怎样形成并被系统化的——发表一点看法。事实将证明这对我的探索来说是个关键的问题，故此，我将在合适之时再次讨论它。亚里士多德说得对，人类都有求知欲。[4] 任何群体之生存均有赖于对其环境生态的大量认知，如果该群体宣称拥有科学（至少是某种程度的科学），那么，此种认知或许为其提供了基础。

现在，让我对两种科学观的优势与劣势进行更详细的述评，先是狭义的科学观，后是广义的科学观。

现代专业人士对科学哲学、科学社会学的看法无疑以压倒性的力量支持了我所谓的狭义科学观。不可否认，无论是从总体上确认科学的决定性特征的问题，还是将好的科学与坏的科学区分开来的问题，它们都一次又一次地让解决方案从自己手中溜走；有的时候，它们还搅在一起，令人困惑。从19世纪、20世纪早期的实证主义视角来看，人们可以满怀信心地根据科学对假设-演绎以及实验方法的遵从来界定它。而在此之后，观察与理论之间在范畴上的对立渐弱。如果人们认为观察能产生确定无疑的事实，那么这些事实便能应人们所求，成为检验科学理论之真伪的测试棒。照这种观点来看，优越的科学理论便是能对更多事实进行解释的理论，其中不仅包括可用更早的理论解释的事实，在此之外的事实也涵盖在内。爱因斯坦由此而对牛顿做出修正，而后者在自己的时代亦取代了开普勒、哥白尼的地位。故此，科学进步可由科学的一种能力——提供这类解释——的延伸加以界定。同样，不与事实相符的理论根本不能算作科学。这样，科学依靠的便是可验证性了，尽管对波普尔来说，他以归纳为自己优先考虑的问题，并且意识到，所有验证都不是完全的，科学的依靠对象要换成可证伪性。

这类实证主义的观点看似雄霸天下数十年，不过，若干反

---

4 不过，这并不是说他们同等地展现了这种愿望，参见下文。

对意见使这些观点受到了致命的打击。这些反对意见可归结为这样一个观念：对观察结果的表述可以完全不受理论的约束；由此也归结为如下观念：整个探索过程无可置疑的基础可以获得保障。接下来，科学哲学出现了一个引人注目的现象，也就是以经过修正的实在主义论点为一方，相对主义或工具主义的论点为另一方，两者之间发生了持续不断的论争。实在论者不会完全从以下立场中撤出，即科学所研究（尽管是间接的研究）的实体在某种意义上确实存在，并且其存在与科学家对它们的理论研究无关。如哈金所说（Hacking，1983），如果你能用到它们，这些实体便是存在的。他的意思不是说你要以它们为作用对象，而是利用它们作用于其他事物。

根据第二种论点也就是相对主义或工具主义的论点，科学理论的真理性并不依赖于它跟事实的直接对应（因为这是不可能的），而取决于内部的一致性与提出有预测力的假设的能力。由此，这些假设便具有了可评价性，这并不是说它们表明了世界的真相，而只是说，就提出、检验预测的目的而言，它们是可以派上用场的。在一种日益有影响力的观点看来，科学界的看法算得上是一个决定理论之可接受性的因素（Kusch，2002）。依照这种观点，科学家本身在牵涉"科学是什么"以及"什么可以算作好的科学"的问题时，发挥了唯一的终极裁判官的作用。人们承认，在科学界的意见发生变更时，我们亦不得不允许科学之定义发生改变。在哲学的解释呈现出步入绝境之象的地方，社会学的解释插入进来，形成对前者的补充乃至代替。

此处不宜深入讨论不同类型的实在主义者、相对主义者在当前的研究状态。就我此处的事项安排而言，更重要的问题在于：论争双方通常都同意他们要解释的是现代的科学实践。牵涉科学的地位以及论证程序时，他们给出的看法并不一致，不过，我们常常看到，如果他们正好以现代科学为关注焦点，他们很显然趋向于我所谓的狭义科学观。在"科学是什么"的问题上，要特别指出，相关的必要和充分条件或许会面临许多困难。不过，还好，我们认识到自己周围、大学以及研究室里科学家的存在，即便如我所言，在不同领域，他们对自己所探索的问题的处理方式存在着许多可察觉的差异。如果我们将这些差异纳入考虑范围，那么，即便站在狭义科学观的立场上，我们仍不得不承认，"科学"是一种多面相的活动。

而根据这一种狭义的科学观（也就是说，科学仅是一个现代现象），人们可以提出的一个根本问题是："科学"或"诸种科学"（即我们可以确认的不同科学分支）是怎样起源的？要对这个问题进行理智的探讨，我们必须清楚地知道：在什么时候，我们能说科学或诸种科学产生了？而对这个问题的解答至今仍呈现众说纷纭之象，哪怕在狭义科学观的信从者之间亦存在争议。某些人会将关键的突破与以实验室为基础的现代科学的发展联系起来。其他人的关注焦点则在英国皇家学会、法国皇家学会这类组织的重要性上。另有一些人大力推广这一完整概念，即历史上发生过一次"科学革命"。事实上，只有这一次革命才具有关键意义，它发生的时间是在16、17世纪，哥白尼、伽利略在这里的功劳尤其巨大（例如，可参见 Butterfield, 1949）。这一看法将这次革命当作西方科学中具有决定意义的转折点，接受此说的李约瑟花费了工作生涯中的大部分时间试图回答"为什么这类革命未发生在中国"的问题。

狭义科学观的支持者在大分界（Great Divide）的关键特征以及时间节点上并未达成一致意见，更遑论对此做出解释了。然而，他们却在一个假定——确实有一个大分界——上形成了统一阵线。[5] 某个大分界理论甚至可以说就是由狭义科学观构成的，因为直到大分界发生之后，"科学"才产生。在这之前发生的事或许是引人注目的，但算不上科学。因为那时缺乏实验方法、假设-演绎的方法，以及被认为对现代科学具有关键作用的任何其他观念或技术。

不过，如果我们接受前文那样的看法会产生什么结果呢？我们如何能明白，大分界之前一直没有探索科学（以大分界的视角来看）的人为何突然（或者是在一段时间里）展开了这种探索（或这类探索）？在这里，重要的是搞清楚一件事，即当时正在形成的创新诉求有多大的力量，它与哪些方面有关。突破性的发展（无论我们对此做哪一种理解）是依赖新的认知能力，抑或仅仅依靠对既有认知能力的运用？无论哪一种情况都存在许多问题。如果是第一种情况，对于获取新的认知能力的观念，我们如何理解？这些能力仅限于我们所探讨的科学家，抑或是它们在某种程度上成了大路货？如果是后一种情况，也就是说认知能力早就具备，为什么它们没能被人们利用？照此观点来看，我们可以将问题表述成：什么因素阻碍了科学的发展？什么因素消除了科学发展的障碍？而不是简单地问促进科学发展的因素是什么。

我们将这个问题暂时放下，需要回过头来以另一种方式提出这个问题。而现在，我们要做的是从正反两面对另一种科学观即广义科学观做出阐述。按照广义科学观的视角，"科学"并

---

[5] 在这个备受争议的问题上，更重要的贡献来自盖尔纳（Gellner, 1973, 1985）和古迪（Goody, 1977）。虽然大分界一般是在16、17世纪的诸多事件中进行定位的，人们有时提出的假设却将某些类似的重要变革设定在早得多的历史时期，比如，一种已被抛弃的观点认为，希腊人的理性构建了"奇迹"（雷南倾向这样的表述，参见 Renan, 1935 : 243ff.）。

不只是发生在西方的现代现象，人们可在全世界、很久以前的历史时期发现它的踪影（参阅 Lloyd，2004：ch.2）。如果我们主要以理解周围世界的雄心来界定科学，那么科学便是大范围存在的，假设不是普遍的话。当然，何谓"理解"，人们在此问题上常常犯错误，不过哪怕是近代科学也犯了错误。我们不能以"成功"来定义科学，因为成功总是暂时的。另一方面，绝大多数人都会同意：我们需要的不仅仅是好奇心，还要有以获取知识为目标的具体行动。

广义科学观巨大的优势在于，它确认无论何处均存在科学的潜力，人们根本没有必要求助于某种特殊的新型认知能力，以解释现代科学的兴起。话说回来，广义科学观也面临着自己的问题，尤其是上述"潜力"有着不同的实现形式，不同时空条件下不同社会、群体有着不同的表现。内容庞杂的植物分类志（比如与哈努诺人有关的植物分类志）并非普遍现象。对于天体运动，有些社会、群体有着深入的理解，它们以经年累月积攒起来的记录为基础，构建了相关的理论。而其他一些社会、群体并没有这类记录，对天体运动也没有这样的兴趣。还有一些社会、群体甚至宣称探索世界的运行原理是件蠢事，甚至是不可能的。达致全知之境已经超出了我们的能力范围，除此之外（有人加了一句），我们需要知道的事情圣书上都有记载。照德尔图良的话说，我们没有必要探究世界，[6] 因为我们有福音书。走到这个地步，研究种种现象的雄心已被抛开，神的启示成了我们的依托。尽管如此，吊诡的是，德尔图良的反对意见却突出了他所反对的探索活动的可能性。更有甚者，德尔图良的事情还确切无误地告诉我们：纵观历世历代，并非所有人都对扩

---

6 Tertullian, *On Prescriptions against Heretics*, ch.7.

大对于周围世界的认知表现出了兴趣。

如果说狭义科学观在解释大分界的问题上还面临着困难，那么人们还可以提出如下看法：广义科学观认为探索世界的雄心是遍见于全人类的普遍现象，对于此种雄心在实际追求上所表现出来的多样性，广义科学观亦面临着解释问题，即人们可以察觉到的更复杂的一系列问题。摆在我们面前的看似是一项令人气馁的任务——对世界各地的具体科学的不同表现形式进行分析。显然，做这件事需要尽可能广泛地考察民族志和历史方面的证据。但至少我们可以从追踪不同社会或不同群体中不同技艺和兴趣的演进和发展开始。

我们可以想象，对某些人来说，值得了解的植物仅限于那些可食或有毒的食物，值得关注的动物可归入捕食动物或被食动物两个类别。不过，还有一件事情的发生频次要高得多，也就是人们对自然物的分类渐渐走向深入，这在部分程度上是由于自然物承载了象征性的意义。如果人们的兴趣发生了改变，一些特别的兴趣继之而起，这或许是因为某些社会群体意识到了先前未获理解的一种可能性。我们可以猜想，对某些人来说，星体相比云朵来说并没有更吸引人的地方。不过，一旦星座被识别出来，其运动状况为人们所追踪，它们便可用来确认晚上的时间——如果确认这种时间确实很重要。

我们可以看到，这些兴趣实际上在许多古代社会都发展了起来。无论是在美索不达米亚还是中国，天体观测都成了专门的学问，在政治上具有极为重要的意义。在这两个社会中，君王、整个国家的命运都被认为与天象有直接关联。在某种意义上，这是对的。当权者需要确保农事活动的有序展开，基于此，历法不与四季脱节是非常重要的，由太阳年、太阴月的时长构成的历法数据则越来越精确，古代世界的其他地方比如希腊亦是如此。而任何天体异象都是一个潜在的征兆，它要求有解读天体异象的人。在上文提到的三个古代文明中，承担起这份工作的是有专门知识之人，毫无疑问，他们是自称能做这件事的人。

但是那时，在我们所探讨的天象中，有某些天象被发现显现出了一定的规律性。如此，对那些解象者来说，预测天象成为可能，比如（举个例子），某个行星在消失一段时间后又会出现，或者，在某个时候，会出现月蚀，甚至是出现某种程度的日蚀。在亚述、巴比伦文士写给亚述诸王的信件、报告中，他们因为能做这件事情而满怀自信，极为自豪。[7] 从科学发展的视角来看，重要的是，大量具有高度隐秘性的现象渐渐在人们眼中变得可理解、可预测了。人们可以把对事物征兆的研究作为出发点（事实上，他们确实是这样做的），此举渐渐成为对事物规律性——它们隐藏在外表杂乱无章的事件之下——的可靠认知的来源。即便这些文士的主要动机是证明自己的才学，并使自己能够站在一定地位上就未来之事为君王提供意见，他们发现的事物规律性也让其能够名副其实地宣布：他们以一种全新的方式理解了以前从未被人们理解的那些事物。他们所服务的利益相关方或许是以预测未来乃至窥测神意的方式寻求着增强政治控制的途径和手段。但是，这些文士所获得的成果是一种知识上的突破且发展了一种方法，这一切将推动知

---

[7] 这些保存至今的信件、报告主要来自公元前 8 世纪，尤其是公元前 7 世纪。如今，大量关于这些信件、报告的著述问世，例如，参见帕罗拉（Parpola，1970，1983，1993）、亨格（Hunger，1992）、布朗（Brown，2000）与罗斯伯格（Rochberg，2004）中的概述。劳埃德和席文（Lloyd and Sivin，2002）对中国早期天文学做了类似的考察，与之相对照的是希腊人在这个领域的早期研究，参见本书第二章。

识在后来的发展。[8]

可以肯定的是，在气象或动物行为的领域，确立对应关系的努力就不那么成功了，尽管它们到那时为止也仍然被认为是具有重要意义的征兆。但是，有些古代医生还是对不同类型的疾病的发展史有了同样深入的认知。[9]就这个领域而言，我们同样可以对以下两者——（纯粹的）观察与经验；为收集、记录能备后世之用的资料而展开的不懈努力——进行区分。众所公认，在中国、希腊，做这些事的人怀有复杂的动机。我们在某些情况下看到的个别作为案例的历史著作属于医者的自吹自擂。就希腊而言，如我已经指出的，某些文献内含劝诫的内容，警告同行不要触碰死亡率高的危险病症。当然，这些研究医学的人并未想着在某份医学学术杂志上发表某些最终成果。[10]然而，

---

8 同样，无论是希腊科学家还是中国科学家，他们都在天体研究中获得了重大成就，尽管他们的成就在性质上极为不同，作为发展背景的社会-政治框架亦有极大差异（参见上文第二章）。如前所述，中国天文观测者通常是为君王服务的官员，他们意图确保历法的条理清晰，所有天蚀现象的发生都被预测到，等等，以此而让统治者安枕无忧，不必忧虑自己得自上天的合法性受到质疑。相比之下，希腊天文学家通常是民间人士，他们所做的许多努力意在深入证明一个蕴含重要道德意味的命题：诸天是一个宇宙，是一个有秩序的体系。比如，天文学家托勒密曾说，研究宇宙的规律能给我们的生活带来秩序、美感。在我们所知最多的古代社会，没有一个是仅仅为了新知而求新知的。为什么人们求新知？不同情况下的不同答案都给我们提供了重要线索，它们涉及以下问题：为什么人们能够展开可以称之为"广义科学研究"的工作？

9 参见上文第四章。

10 不过，现代学术出版物与某些早得多的作为案例的历史著作有一个共同特点，即它们有着论证性的目的。就现代学术出版物而言，我们不应忽视它们通过种种方式为相关群体的学术研究评估（Research Assessment Exercise）做出的贡献，此外，人们还用它们来检验其研究的质量。

这并不是否认他们对被认可为研究对象所怀有的兴趣，也就是说，并未否认他们在收集、传播详细的临床治疗记录上的兴趣。

按照极简主义者的看法，他们会认为世界各地的科学都有赖于我们所有人都拥有的那些能力的延伸、深化。这种观点如何在实践中发挥作用，它能在多大程度上为广义科学观提供论证？不可否认，正常人都有视觉感官，都有基本的、普遍的观察能力。但是，观察的对象却随我在前文考察过的兴趣的不同而不同，因此，它需依赖观察者与被观察者之间的互动（Ingold，2000；Grasseni，2007；Henare et al.，2007）。如前所述，没有任何观察是可以完全摆脱先入之见的。而正如先入之见是多种多样的，观察的对象以及发展起来的相应技艺很显然亦呈现多姿多彩的样式。这样，摆在我们面前的问题是：人们是否认为观察具有极其重要的作用，从而要把它们记录下来？如果记录下来，由谁来执行，通过什么手段？档案这样的东西会被收集起来吗？它会导致或多或少带有官方色彩的机构建立起来，承担起资料的收集、分析、解释的职责吗？

牵涉实验的问题，我们可以提出类似的观点。很显然，没有人可以发挥干预作用，改变星体的运动，但是，要获取更多的诸如与动植物以及金属、其他矿物有关的信息，干预却是可能的。没有一个社会不用我们以"试验""试错"之名称呼的那些方法扩展其认知。[11] 在谈到史前时期农业、陶瓷、纺织、冶炼

---

11 就引入菲律宾的外来植物而言，福克斯对与其相关的认知发展做了评论，他将问题解说得非常生动。"人们利用外来植物（比如 *tümtüm*）的速度无疑受植物有无一些物理性质的影响，这些物理性质或满足或不满足已经确定的对于各种用途有决定作用的当地的前提条件。比如，在菲律宾，有苦叶或苦根的植物一般用来治疗胃病。如果人们发现引入的植物拥有这个特征，它便很快被派上用场。许多菲律宾社群（比如皮纳图博矮黑人）不断地用各种植物做试验，这个事实加速了对植物潜在用途进行确认的过程，这是由与引入植物有关的文化决定的。"（Fox，1952：212—213）

之类的领域所取得的巨大成就时，列维-斯特劳斯指出（1966：13—14），没有人会认为这类技艺是源自"一系列偶然发现的幸运积累，或是相信它们通过人们对某些自然现象的被动认知而得到揭示"。这样，从某种视角来看，在"试验"和"试错"领域，做实验可视作一种更具系统性、更可控的做法。

为广义科学观所逐渐接受的不同科学表现形式之间的差异是可以弭平的，至少，人们要将它压制到一定程度，使得人们能够系统地、自觉地运用相关能力，为人们的利益服务。照这样看，偶然的观察与作为长期自觉计划之组成部分的观察就没有明显的类别区分了，尽管它们的所得结果可能有重大差异。通过试验和试错，人们寻求解决怎样从某些植物中提炼毒药用于猎杀动物的问题。人们还通过试验和试错，解决制造放毒烟的吹管、使用正确材料、弄清楚正确的武器尺寸的问题，这些都需要强大的技术（参阅 Descola，1996）。而在人们让实验变成自觉分析的对象时，它更系统地派上用场便是可能的了。[12] 在我讨论与广义的"哲学"概念有关的推理问题时，我以相似方式对以下两者做了区分：其一，一般的推理能力，分为好的推理能力与坏的推理能力；其二，当逻辑学接受形式分析时所产生的那种推理能力。

从广义科学观的视角来看，以上所有事例在某些能力的运用上表现出了方法差异、背景差异，尽管我们没有理由认为隐藏在下面的"能力"本身是有区别的。前文提及，广义科学观同样面临着以下难题：不同时代不同社会对世界的真实理解极为不同。虽然每种情况需要加以仔细、深入的分析，但在一定

---

12 然而就事实而论，如我所主张的，希腊的早期实验史告诉我们，与其说实验在彼此对立的假说之间扮演裁判角色，不如说它往往被用来为理论提供支持——它是未受人为干预的观测的组成部分（Lloyd，1991：ch.4）。

程度上,我们要探索什么问题却是清晰的。人们做了什么观察,它们在多大程度上是有意为之的?新的认知是怎样建立起来的,人们有记录、传输它们的方法吗?新观念是何时表达出来的,它们怎样被人接受,它们的支持者怎样使它们获得最大限度的认可?对作为一个整体的社会或社会群体形成促动的利益因素有哪些?人们对探索和研究本身有什么看法?它们是得到了国家机构的支持,还是被抛给了个人?如果前者属实(比如在古巴比伦、中国),国家的利益诉求是什么?如果后者属实(一般以希腊为例),是什么推动了个体的行动?在这两种情况下,探索者们在多大程度上试图限制人们获得他们所获取的新知?他们是尝试控制下一代探索者,还是公开自己的研究方法,让所有入门者知道?在什么是值得探索的,换句话说,主题是什么的问题上,他们有什么看法?通过引申或是推论,他们在多大程度上看到了科学发展的潜力?

　　说到古人在理解世界上所获得的进步,我们对以下假设,即取得这种进步并不困难或是相当顺利,必须持小心谨慎的态度。在前文的研究中,我们注意到了看似进步的成就有可能产生的消极后果。承担探索世界之责的精英团体的存在看起来或许是有利无弊的幸事。我们说过,持续时间最长的收集古代资料(特别是与天体研究有关的资料)的事例便与这类精英的工作有关,美索不达米亚、中国在这方面表现得尤为突出。不过,一旦精英们获得了一定声望、权威,他们所考虑的问题便是维护自己的地位了,这产生的结果或许不是促进创新,而是隐匿知识,使科学发展停滞。在具有更复杂形式的科学发展史上,一个反复出现的现象是,昔日促进科学之初期发展的那些因素或许在某个时候阻碍了它的进一步发展。如我在前文所指出的(参阅 Lloyd, 2002),这就是我所谓的"惯性效应"。据此,某种方案给人的成功感觉使得身处同一领域内的其他方案受到某种阻碍，该方案最初在这个领域证明了其价值，而后在其他领域充当了典范。在本书对数学的研究中（第二章），我提出了同样的主张：希腊的公理化传统在产生积极效应的同时也产生了某些消极后果，它们不局限于数学领域本身，在此种传统应用于医学、神学之类的其他领域时，我们也能看到这种情况的发生。

那么，在我提出的论点中，广义科学观就有了一些说服力，而且不需要求助于新的认知能力，相比其对立观点更为简练。然而对许多人来说，哈努诺人的植物志与DNA分析、美索不达米亚（或古代中国、希腊）天文学与现代宇宙学之间有着天壤之别，以至于用同样范畴的"科学"来涵盖两者似乎是荒谬的。而狭义科学观将科学限制在它更为晚近的表现形式上，确实有可能暗示：它蕴含着一种强烈反差——如果不是两类人之间的强烈反差，至少也是两种社会之间的强烈反差（有时，人们分别用"热烈""冷漠"来称呼这些社会）。[13] 不过，从整体上谈论"热烈的"社会看似是夸大其词了，就好像该社会的全体成员都是一个观念——科学探索让知识日益增加——的热心支持者（或者说对这些观念的认可不下于此）。

为了进一步说明发挥作用的认知能力这一棘手的问题，我们需要对科学（无论是对它持哪一种看法）所探索的活动领域进行更严格的区分。当然，我们必须关注我适才提出的有关技艺、兴趣、组织的论点。不过，我们需要并且能够走得更远。

---

13 以"热烈"或"冷漠"来界定作为一个整体的社会遭到了反对。在后者看来，此种做法使人们对下述事实视而不见：在任何社会，不同个人、群体的态度、心志存在可觉察的差异。

继克龙比之后,哈金(1982,1992a)坚持认为不同科学思维(或推理)方式——从早在希腊几何学中便得到体现的公设或论证型思维(或推理)方式,到现代的实验型思维(或推理)方式——之间存在差异。克龙比最先提出的六种科学思维(或推理)方式如下:(1)在数学科学中得到确立的公设型思维方式;(2)与更复杂的可观测关系有关的实验探索和测量;(3)以假设的方式构建类比模型;(4)通过对比、分类对复杂现象进行编排;(5)对人口规律进行数据分析并计算各种可能性;(6)从历史角度看基因进化的起源。不过,在哈金引入的修正项中,[14]我们看到(1)分而为:(1a)使用论证方法的几何型思维方式;(1b)运算或混合型思维方式。而(3)分而为:(3a)伽利略型思维方式;(3b)更晚近的实验型思维方式。无论是哪种情况,人们都部分借助了思维方式所采用的推理方式、所使用的概念以对其进行界定,除此之外,在部分程度上,人们还以思维方式的作用对象作为界定标准。哈金自身的兴趣主要集中在自伽利略以来的科学上,如我适才所指出的那样,他认识到早在古代,公设型思维方式的先驱便已存在。

如果我们追踪这些分类,就可以帮助我们更清楚地确定每种思维方式的新奇之处,以及每种思维方式在哪些地方借鉴了更早的观念、技艺。由此,我们至少可以尝试对我所谓的狭义、广义"科学"观做一定程度的调和。正是为此,我在前文便提出,实验方法可被视作广泛存在的试验、试错的延伸。众

---

14 在发表那些具有先驱意义的文章(1982,1992a)后(作者承认,这些文章受惠于克龙比提出的观念,这些观念后来由克龙比[Crombie, 1994]发表),哈金便利用在法兰西学院(Collège de France)所做的一系列演讲,对经过修订的一系列科学思维方式进行细致分析,这些思维方式各不相同的发展史也在分析范围内。

所公认，一旦我们这样定义实验，人们便可携更强劲之势，在高得多的系统化层面上更自觉地利用实验方法。同样，我们可以认为，分类型思维方式（近代早期的林奈［Linnaeus］就是此种思维方式的代表）是广泛存在的分类兴趣所取得的更为显而易见的成果，事实上，在分类是任何语言应用的题中之义的意义上，分类兴趣或许具有普世性。诚然，这些兴趣无论如何不是整齐划一的，因此，人们所喜爱的分类方法肯定呈现出变化万千之象，人们所求助的分类标准也是如此。并非所有分类都是通过属-种等级制进行的——"种"通过某个特征得到界定，因为某些分类具有多元性，在一定程度上不带等级色彩。

在这种情况下，科学作为普通、平常认知手段之延伸的观念便具有了一定的合理性。但是，回到那些被引用来支持狭义科学观的观点上，我们同样不得不承认（举例来说），在实验室里，我们所拥有的手段、方法是前所未有的。显然，新工具一旦被掌握，人们的探索领域便获得了扩展。只有望远镜、显微镜被发明出来，木星的卫星、微生物才成为可见之物，虽然绝大多数人会说它们早就存在于世了。然而，在现代实验室许多干预手段的作用下，确实有新的事物产生。事实上，我们可以看到，早在波义耳用抽气机做他的著名实验时，便发生了"真空"被创造出来的事（Shapin and Schaffer，1985）。除了科学家个人，拉图尔尤其强调其他因素所发挥的作用，它们也就是科学中的非人类因素（"活动因素"），比如在巴斯德与其反对者之间的论争中处于中心地位的细菌（Latour，1988）。

考虑到以上所讨论的内容，我们看起来在多大程度上能够确认我们一直在探讨的不同科学观在哪些领域有交融之处（如果说在这之外，它们的歧义之处一直存在）？"思维方式"的概念非常有价值，因为它让我们能够首先注意到我们所讨论的每种探索方式的特点，不仅如此，它还能让我们注意到每种探索方式以多强的系统性得到践行，这涉及一种既定的探索方式在多大程度上被自觉地采用，或者采用它的人在多大程度上理解了相关的方法、程序。正因如此，我们对大分界的假设才不会做简单的理解，因为在科学方法得以确立、所有科学成为其注脚之时，大分界就不是一次革命性的突破那么简单了。更确切地说，它是在科学走向深化的过程（这个过程一直延续，且在今天以不断加快的速度推进）中，由许多探索方式上的发展、变化（涉及新的技艺、概念）所组成的一个完整系列。进一步说，按照库恩提出的模型，范式是彼此更替的，然而，探索方式——按我的解释——之间常常表现得更具互补性、累进性，而不是替代性。

说到科学的目标，用最一般的话来讲，即寻求对世界进行理解。很明显，这是我们所接触的所有探索方式的共同基础，也是狭义、广义"科学"观的共同基础。同样显而易见的是，新的主题呼唤新的探索方式（不管此种"呼唤"表现得多么明确、多么自觉），而后者多少要以既存的前例为借鉴，事实上，我们可以反过来说，新的探索手段会产生新的探索目标。与此同时，研究人员所在的工作部门、人们对其社会地位的感知同样受到这些人员本身浮沉的影响，他们的身世变迁既是科学自身发展的原因，又是后者的结果。

我们所能辨认的科学探索方式之间的差异告诉我们：无论是广义还是狭义的科学观，它们都有其可取的一面。广义科学观自有其优胜之处，因为它认为，在观察、实验、测量、分类这些方面，探索方式代表人们对某些基本技能（如果不是普世技能的话）有着更明确和更长期的利用——这一点是有说服力的。这让现代科学探索与前现代科学探索之间的某些重要的承续成为可能,并让人们不再有必要做出科学曾发生过彻底中断(其特征是全新的认知能力的创生)的假设。不过,有一些关键概念、技艺很明显是没有先例的(比如数据分析中的关键概念、技艺,以及具有实验室风格的关键概念、技艺),它们的出现是一个提醒的标志,我们由此而能注意到某些现代科学活动领域的独特之处。如果我们这样想,它便为狭义科学观提供了支持。不过,即便从这个视角出发,人们仍无法就以下问题达成普世性的一致意见:给科学下怎样的限定性定义才能满足要求?关于某些自然科学领域(比如地理学),不断有人提出"软科学"的论断,即便几乎没有人会走得那么远,将科学局限在纯粹的数学科学范围内。不过,以医学为例,确定无疑的是,它占据的是一个左右逢源的位置,这要视其将关注重心是放在将理论用在个体病人身上还是在理论本身身上而定。同样,将社会科学纳入"科学"范畴仍是一个疑难问题。

鉴于"科学"范畴所享有的声望,不同人群(至少包括哲学家、历史学家和人类学家)对这个名号的诉求总会引起激烈的争议(参阅 Cunningham and Wilson,1993)。然而,真正的科学从业者如物理学家、生物学家、宇宙学家会继续从事自己的工作,他们在很大程度上并不关心自己的本行该怎样定义;由于自己的工作多少获得了普世性的认同,他们为此感到心安理得。不过,如前所述,研究科学的哲学家、社会学家仍争论着一个问题:是什么让科学真正地成为科学?就历史学家、人类学家而言,他们的第一要务是通过与问题相关的观念、习俗探索自己所研究的文献会提供什么信息,而后,他们在更宽泛的问题上决定采纳什么样的结论。近代世界的科学处在一种极其独特的环境下，它的地位或多或少不受挑战（几乎不受挑战），至少作为一门学科情况是这样的（即便人们运用科学的方式导致了覆盖范围广泛、确实需要立刻解决的问题得以产生）。尽管如此，对科学的范围、起源、历史所做的思考让我在本章中所讨论的大量问题得以浮现。

话说回来，在某些方面，科学精英所发挥的作用是清晰可辨的。和我们在本书中探讨的其他学科一样，就科学领域而言，一旦学科走向制度化，[15] 科学精英所发挥的作用便呈现出两面。一方面，探索越深入，它对科学从业者在技术——科学探索有赖于此——培训上的要求就越高，这些从业者就越需在展开科学研究的机构里学习。在学业完成之前过早地展现出自立门户的征兆是冒险之举，这样的人会有遭到排斥的风险，由此失去最后在该学科前沿领域进行钻研的机会。这个现象不独见于现代，早在古代，人们便可寻见其踪。

另一方面，对那些在精英人士中拥有稳固地位的人来说，他们要在创新、顺从之间维持脆弱的平衡。竞争毫无疑问是创新的催化剂。不过为了得到认可，创新有必要以这样的面貌出现：顺从精英阶层有意识地（或者，在其他状态下）拿来界定自身的那些模式、理念，至少在一定程度上，要这样做。的确，在今天，对科学中的众多领域、科学所属的众多分支（比如物理学、化学、地球科学、生物科学以及其他的科学）而言，这些模式、理念可能具有特别的意义。顺从的压力或许不带有普遍性，而是针对某些科学研究群体（事实上，有时是针对某些

---

15 不过，从我提出的广义科学观来看，科学精英们并不总是推动科学发展的力量，因为观察、试验、试错并不是人数有限的精英阶层所享有的特权。走向制度化之前的科学并不是一门学科，而是广泛存在的（如果不是普世的话）人类活动。

实验室）的特殊现象，尽管在设定自身的标准上，每个群体必须关注其他群体（也就是他们在其他机构中的对手）的行动——这会进一步将竞争元素引进来，事实证明，这或许会对创新产生推动作用。另外，在什么样的创新经事实证明会在中长期结出硕果的问题上，古今的科学史都为我们提供了丰富的案例，我们从中看到，犯错误的不仅是某些专家，还有他们所达成的一致意见。就不同学科组之间以及存在于不同学科组内部的种种关系而言，还存在更进一步的问题。在本书的最后一章，我将对这些问题进行简要讨论。

结论　学科与科际整合

正如我最初所言,我在上文已经审视过的人类活动中的八个不同领域是一个大杂烩,各自适应着不同的需求,无论是实用需求还是知识需求。本书最后一章的目标有二:其一是试图概括我们已从针对每一门学科的独立研究中所获取的知识,尤其是这些学科得以建立的途径、精英在其中扮演的角色,以及是什么促进或抑制了革新等;其二是通过跨学科的视角思考各学科之间的共性与联系。

定义上的问题总是最富争议,尤其是因为每一门学科总是为自己的价值和意义而感到自豪。我们或许认为可以参照西方世界的资深高等教育机构所制定的定义来定义这些学科,这些机构不仅包括大学,还包括医学院、艺术院校以及神学院,除了这些以教学为主的机构,通常还包括许多其他的专业从业者。不过,我曾指出那是一个错误,究其原因,则有二端。首先,即便是在英语世界,我们所要咨询的专家之间也不存在普遍共识。当我们搜索枯肠,在欧洲语言中为我们使用的学科术语找到意义相近的对应词时,便会出现进一步的差异,正如我所列举过的法语中的 *philosophie* 和 *science* 的例证一样。

其次，如果我们采取一种更为开阔的跨文化的视角，甚至还会有更多的分歧显现。哪怕并不存在在类型上明显相似（或许此种相似具有欺骗性）的"行为主体"，每门学科所包含的基本学科活动也不是专属于欧洲地区的，甚至不专属于世界上"先进的"工业化社会。在医学、艺术、宗教以及法律的案例中，这个问题已经足够明晰，即便我们已经看到这些学科的形式以及实践方式迥然相异。

　　但在其他四个领域，即历史学、数学、哲学与科学中，我也对一种专断的观点提出了质疑，这种观点会使不同学科局限在我们所熟悉的机构中，尽管在那里钻研这些学科的方法可能特别复杂和精致。例如，任何社会都表现出对历史的兴趣，它构建并运用了自己的历史的观念，无论是歌颂型还是纪念型的历史观念，还是把它当作行事（或者是我们在口头或书面材料上所发现各种其他功用当中的任何一种）的指南。再看数学在运算上的实际应用，毫无疑问，这是某些技艺普遍存在的绝佳证明，哪怕这些技艺或许不会促使人们对数学、几何学、三角学、微积分、集合论还有其他领域的难题进行抽象的理论研究。在我看来，广义上的哲学同样可以在任何社会中表现出来，只要人们明确地提出对与错、推理正确性的问题。科学也是如此，无论在哪里，我们都能找到理解、阐释和预测现象的持续表现，而这些现象甚至是最复杂的现代研究的基本目标。

　　所以，在上文的每一章中，我所处理的第一类问题，大体是关于我们应该如何理解所探讨的行为的内在本质，并且在每一个案例中，我都以更为广阔而非狭窄的欧洲中心论或学院派的视角（或者，从广义、狭义两种视角出发）提出了自己的论点。相关行为并不必然因此变成普遍性的、跨文化的行为，尽管我已经指出，诸如医学、数学和法律或多或少是为了迎合人类的普遍需要，更具争议的是，我还考察了一个案例，我在其中提出：从广义的理解来看，人类发挥作用的基本认知能力可以被称为"科学"，即便更为高级的科学形式必然需要特殊的技艺、概念。

对于所探讨的行为所采取的更为广阔的、非欧洲中心论的视角显然顾及了在不同文化环境中这些行为截然不同的表现形式。历史记录对此做了清晰的阐释，揭示了早期的哲学、数学、历史学、科学乃至医学如何采取明显不同的形式。在我们所处的社会也是如此，我们有着自己的知识领袖，他们仍旧因为诸如以下这类问题争论不止：史学特有的目标和方法应当是什么？哲学特有的目标和方法又应当是什么？或者，还因为竞相标榜的纯数学或者应用数学的各种不同形式而争论。正如我在关于艺术的讨论中所指出的那样，自我标榜的艺术行家对于将其想法附着于这门被普遍接受的科目尤其怀有商业上的兴趣。不过，如果说最后一个案例尤其让我们清晰地看到了在所从事的活动、行当的定界问题上不同专家之间不断展开的论争，那么毫无疑问，这显然不是现代、复杂社会的一个特有现象。在每个专业该如何定义的问题上，没有一组专家可以垄断相关的真理，对于正确的答案，我也不再自称有获得它们的特殊门径。尽管如此，我会坚持一个看法：在我们所探讨的术语中，我喜爱的那些术语将获得更大范围的认可。

当某些人声称在某个特殊领域拥有特殊知识（此种知识并不是每个人都可获得的，即便在某些情况下，每个人都可挑战这些人所提出的看法）时，不同类型的精英群体便逐渐形成了。不过，在更进一步的探索中，我会坚持认为，精英在此后所扮演的角色或许是极其矛盾的。一方面，对于一个发展起来的领域来说，先驱者通常有必要指明前面的道路，在实行新的探索、展开新的活动以至于践行新的探索方式上利用各种可能性。他们或可以身作则：假如是具有原创性的历史学家（或哲学家，或数学家），他要扩大活动范围，聚焦新的目标或理想，或是运用新的手段；假如他是伟大的画家（或雕塑家，或建筑师），他要创造新的艺术风格。他们也可通过言传发挥带头作用，某些艺术家的宣言、某些对某一特殊画派有促进之用的艺术评论家的著述即属于这个范畴。无论是哪种情况，创新者都可以拉出一群追随者，这些人将新的概念、做法渐渐奉为圭臬。不过有的时候，与此举相伴的是利用新概念、做法，并以其作为进一步创新的基础的观念；另一些时候，人们心里想的又是与此极为不同的问题：此时此刻，本领域有了一个长期性的基础，剩下的事便是对已有计划做出补充，而不是以后者为对象试图引进更多的变革。

因志趣相投而组成的群体一旦呈现这样的发展态势，该领域便有可能更趋专业化，由此得到更多的公私资源的支持，相关机构得以设立，以促进该领域的进一步发展。在有记载的历史上，此事最早是以一种戏剧性的方式发生的，那时，美索不达米亚文士认识到了天体研究的新潜能。

另一方面，精英群体并不总是发展的引擎。在我们所有的个案研究中，或多或少会反复遇到的一个现象是：在如何促进学科发展的问题上，精英会以捍卫宝物的心态保卫自己的特权，他们甚至可能要求相关权利。精英的影响力有时会产生这样的效果：它不是促进某个框架的建立，以利于进一步的发展，而是对这个框架进行限制；它不是鼓励创新，而是阻碍创新。精英的定义意味着这是一种排他性的身份。新成员是受到欢迎还是遭受排斥，这要视具体的精英群体而定。他们可能要经历长期的学习阶段，通过严格的测验并通过其他方式证明自己，比如说让其他人相信他们在道德上是可靠的。加入精英群体的条件或许并不总是由既有的群体成员决定，不过可以肯定的是，他们的意见很有影响力。

不过，就精英群体的运作方式而言，关键的问题是：一旦被接纳为精英群体中的一员，这些新晋人士可以冲在前面吗？群体会转而鼓励他们创新吗？或者，群体对他们的期望是他们能遵从既有的规则、用已经定下的方法钻研相关领域吗？在人们眼中，这些方法、做法、学科的特质是一朝确定就永不更改（即使条规、理论并不是这样）了吗？我们发现，永世不衰的提法是很常见的，甚至法律体系的神圣裁决亦不脱此例。在宗教领域，信条可能直接来自神，或间接来自先知或祭司，他们的话不容置疑。在医学领域，大量权威文献记载的理论、做法是不可对之有严重背离的，违者将受到制裁、排斥或是驱逐。

精英群体的新成员所要经受的严格考验或许增强了人们这样一种感觉，即他们吸纳了所有要学习的知识。同样，在艺术领域，长期的学习生涯可能会产生一种假设，即传承下来的传统应该而且将会保持不变，尽管就事实而论，我们所发现的是，下一代从业者常常在所学风格的框架内找到发挥的空间。针对认可、声望的竞争或许推动了创新，无论人们是否承认竞争的这种作用。现有风格或成系列的模式中的独创性可能在风格、方法两方面催生出更激烈且更进一步的创新。

而在人们看来，只有精英群体才拥有的知识可能不仅被认为是专业的、深奥的，而且还被认为是一个小心翼翼地保守的秘密。普通人无缘知晓这些知识，这不是因为他们没有能力理解，而是因其是精英人士的特权。对于只有少数人有资格掌握而对自己关闭大门的学问，普通人甚至有可能并不在意。

加入精英群体依循的是我们能在总体社会化过程——它在所有社会中都有发生——中探查到的诸多模式。无疑，尝试对这些模式做不恰当的概括或许是愚昧之举。然而很明显，对在所有社会中成长起来的幼童群体而言，他们当中的绝大多数会被鼓励遵循某些行为模式，并接纳长辈的行事方法、价值观，尽管对于那些离经叛道者的容忍度相差极大。年轻人产生不同意见（在这里是指尝试过的创新）的可能性不仅因我们所探讨的社会（无论是不是等级制社会）的不同而不同，也因身处社会中的个人身份的不同而不同。社会特权阶级可能有意无意地将保持特异作为他们的主要目标，以使自己与普遍人区分开来；更无私的人——或者至少不那么以自我为中心的人——可能会承担一定的领导责任。

还有一些人，他们不是靠出身，也不是靠从祖辈继承而来或自己挣来的财富，而是靠学问、教育拥有特权。摆在他们面前的是相似的一些选择。他们的学问之道是在根本上有缺陷，还是这些学问之道本身就需要经过修正，而由此具备了内在的不稳定性？为大学辩护的人会坚持这样一个观点：即便由学士到硕士到博士的升学体系（*cursus honorum*）是固定的，课程的内容也不是一成不变的。不过，资料显示，哪怕在最富名望的大学，课程设置仍是极为保守的，甚至在科学领域，总体情况仍是如此。富有名气的教授们往往坚持认为：下一代应按照旧例获得从业资格、接受培训。他们或许还会说，毫无疑问，他们允许自己的学生拥有创新空间。不过，当有人提出课程改革的建议时，那些认为（或想象着）自己的专业技能正逐步被替代的人常会对此进行抵制。

不过，如果博学的精英们有时对创新持开放态度（尽管通常不是这样的），我们是否可以着手解释其中的原因呢？拿宗教来说，创新或许很难与"真正的信仰已经被揭示给热心的信众了"这一说法相协调，一般来说，知识越是以启示的面貌出现，它越不容易被修改。另外，在精英人士感到有必要控制其成员资格从而保持自身垄断地位（事实上，还有经济地位）时，他们或许就很难接受其对知识的看法可能会被修改的事实。

在人们看来，在我们的不同研究中或许有一个相关因素，它便是：在多大程度上，我们所探讨的精英可能感觉到潜在的激烈挑战对其存在的理由产生了威胁，还有，在多大程度上，就不同学科本身的性质问题，有不同的看法出现？这类问题在本书每一章里都有提出。以医学领域为例，在该领域，始终存在着一个根本问题，它与"真正的健康是什么"有关，具备医学知识的团体常常面临或多或少的来自其他从业者的竞争，后者对医学的目标或达到目标的方法提出了另外的看法。在宗教领域，垄断真理的宣示依靠的是人们的信心，而在外人看来，此举可能有些武断。甚至在法律领域，一个重复出现的问题便是：法律依何打出客观性的旗号？如果人们很清楚地看到许多管理措施纯粹出自人之手，在这种情况下，人们如何为向神的权威求助的行为做论证？然而，如果说精英阻碍创新的愿望有时可能反映了他们的不安全感，那么提出"不安全、保守这两种现象之间存在不容置疑的对应关系"这一看法便可能是夸大其词了。

科学是一个例外。库恩（Kuhn, 1970）认为，既有范式所面临的乱局产生了思想上的不安全感，此种感觉有时会导向危机，并进而导向创新，反过来说，"正规"科学往往更具稳定性、保守性。因此，我们当然必须考虑其他因素，精英群体所选择的那种自我认知至少要包含对精英组织的严密性，开放以及多元主义的程度的认识。

对学科领域的发展而言，精英常常是引人关注的一股影响力量。然而，我们所探讨的诸领域无一不让我们清楚地认识到，针对我在前文确认的封闭、限制现象而言，这些领域无一不受其消极影响。精英所发挥的积极影响包括：确保知识、技艺的传递；使各学科获得支持和声望；对科研成果（特别是科学、医学这类领域的成果）的质量进行监督；组织协作型的观测、研究，而此种"协作"可以很完美地与一定程度的竞争共存，它有促进创造性研究的效果。而消极的影响是，人们可以观察到种种倾向：闭门经营，抵制变革，阻碍创新（无论展开创新的是其行业内的人还是外行人），保守且专断。

到目前为止，对于某种已知活动转化为学科——它由富有声望的高等教育机构中的合格专家讲授——的过程，我们考察了其中发挥作用的某些因素。不过，这些因素之间的关系如何？我们常常看到，一个学科不仅在内部定义自己（精英成员以此与业余爱好者或外行从业者区分开来），还通过在外部与其他研究领域进行对比而界定自身。

这在某个学科宣称拥有霸权地位时表现得尤其明显，正如我在本书导言中所说的。宗教有时会给自己戴上霸主的冠冕，其他学科亦会。历史学经常把自己描述成政治家的主要指导来源，并利用形而上学体系建设所面临的僵局留下的空白，把自己描绘成人文学科的女王。而哲学采取的回应举措是提出以下论点，即自己有责任并有确定所有其他学科是由什么构成的优先权利。在中世纪晚期的欧洲大学里，法律、医学和神学是高等教育科目，获得学位便具备了从业资格；相比之下，数学、逻辑学属于三学科（trivium）、四学科（quadrivium）中的初级科目。同样，在中国，以声望更低的学科为一方，以经典学科为另一方，两者之间存在等级秩序。前者如数学、医学、历史学，后者便是经典文献的学习，它是太学的核心课程，即便"博学"所希求的终极目标是无所不知，成为"道"的主宰和化身。如今，科学在西方的声望如日中天，尽管人们主要以其与应用技术所产生的灾难后果之间的关联为据，开始质疑其地位，但对于这些灾难后果，科学家本人常持否认态度。与此同时，如我所说，与科学内部的等级秩序——"硬科学"与"软科学"之间的对立——有关的问题继续成为人们激烈争论的对象。

一方面，有一点看起来或许是毫无疑问的，即就我们所论的与八种人类活动有关的学科领域而言，它们之间的区别是显而易见的（如果说这些区别所涉及的范围并不算小的话）。我是基于某些这样的假设来组织我在若干篇章中的讨论的。无论是它们所处理的材料，抑或是它们最后所求的结果，其间的界限看似是足够清晰的。历史学家研究过去，难道不是吗？这正如数学家研究数字、图形，科学家研究自然现象，医学、艺术、法律的目的是关注健康，创作具有艺术美感的作品，以及建立规范人际关系的规则。宗教醉心于敬拜，但是一般而言，它宣扬自己能够确保人是得救的。至于哲学家，他们当中的某些人至少认为本学科中的部分科目（比如逻辑学）是非同一般的，与此同时，其他人会说（或是已经说过），哲学认识是幸福之本源。

另一方面，某些学科在方法论、认识论上有着相同的关注和目标，在如何获取它们的问题上，事实上，这些学科还可能对如何保护它们提出了不同的观点。追求客观、真实、有效，是我们一再看到的主题，人们用它们来为权威性的说法提供支持，这些说法往往构成了精英地位的基础。在此之后产生的问题是：相同的标准是否或在多大程度上可用在不同的领域？就绝大多数学科领域（尤其是法律、历史学、科学、医学领域）来说，它们面临着对证据做出评价的问题，不过什么东西可算作证据，不同领域有着不同的情况。绝大多数学科遵从某些论证铁律，比如前后不一致是要避免的。不过，类比推理在多大程度上、在何种情况下是被允许的，个别案例研究怎样才能用作普遍推论的基础，这些都是引起争议的问题。数学尤以维护真理、讲证据为念，尽管按照我们所看到的，在实际运用哪种标准评判大量的数学推理上，从过去到现在一直存在不同意见。医学追求对病人的情况做出诊断、治疗或至少是改善病情，尽管我们可以肯定地说，就我们提出的这些看法而言，验证的难题继而显现，主观性的因素也插入其中。不过，在某些情况下，只有下述问题才算得上是重要的问题，甚至是仅有的问题，即病人感受如何？人们是否相信治疗方案是合适的？如我所说，在这些情况下，"功效"或许可以化约为一个"心里感觉是否舒适"的问题，"心里感觉舒适"或许是人们唯一能够追求或可得到的"功效"。

　　虽然艺术、宗教可能是例外，但连接其余学科的共同纽带是，获得在客观上能加以验证（或者，至少是可加以辩护）的研究成果这一目标。其目的是证明，相关学科靠的不仅仅是该学科的支持者所掌握的修辞技巧。至于艺术，艺术家们无论是通过明确还是含蓄的方式希望让他们的观众相信他们宣之于口的言论——他们要创作具有艺术美感的作品——是真实的。不过，对于宗教来说，真理的揭示是一个信仰问题，是神所认可的，如果人们问起与连贯性有关的问题，有时会用神言的比喻性为自己辩护。不过，如我在前文所做的评论，如果人们坚持认为语言的应用不受常规而隐蔽的逻辑规则的限制，那么，此举或许会让人们付出高昂的代价，因为任何这类举动会削弱语言的可理解性。与此同时，语言应用上的某些创新通常与绝大多数学科的发展、人们就如何进行正确研究展开的争论有关。事实上，在这个过程中，用于这门学科本身的术语可能会发生相当大的变化和修正，比如，我们看到"历史""数学"的语源词的命运就在不断变化。

这样，在某些学科的目标之间，我们能够清楚地看到它们的重合之处，它们所探讨的课题也不像我们当初所设想的那样，彼此之间有着严密的区隔。[1]正如我们对医学的讨论所揭示的，"健康"或许不仅仅是生理健康问题，也是心理、社会健康问题。按照某些人的看法，只有在平等社会，才能完全达至这些

---

[1] 艺术与宗教、历史、科学之间可能存在的关联是异常复杂的。如前所见，艺术常常为宗教在意识形态或宣传上的目的服务；除此之外，就它在纪念过去之事上所发挥的作用而言，它还是为历史编纂学服务的一支强大力量。另外，随着新的研究领域（比如解剖学）逐步确立（这在部分程度上得到了这些领域所利用的视觉艺术的帮助，这些视觉艺术又与历史上的艺术传统有着显著区别），作为支持科学、医学的一种重要研究工具，艺术的作用逐渐得到越来越多的认可。在这种背景下，达斯顿和嘉里森（Daston and Galison, 2007）对17世纪以降欧洲科学家（"博物学家"）、艺术家（"画家"）之间不断变动的关系进行了考察，"逼真"的概念逐渐让位给了"机械客观性"的概念。"逼真"意味着做出选择、判断，回避个人喜好；"机械客观性"则摈除了观察者一方的公开介入。尽管最终成品（常常是大量生产的作品）的成功常常更多地归功于艺术家而不是科学家，但后者往往仍将前者视作自己的附庸。

健康状态。另外，洁净、不洁净是横跨医学、宗教以至于法律领域的概念。虽然法律常与道德截然有别，但与道德有关的问题不可避免地将一幅画面复又呈现在人们面前：在人们就某些法律条款的合理性展开论争时，有可能哲学以至于宗教就这样被牵扯进来了。反过来说，宗教常常有助于法律体系获得神圣不可侵犯的品格。另外，人们应该追求哪一种对周围世界的理解？在人们眼中，对个人、群体乃至整个社会的真正幸福而言，什么是至关重要的？正是在这些问题上，哲学、科学、历史学、法律、宗教以至于数学或许形成了各不相同、拥有强大力量、有所重合亦有所冲突的观点。危在旦夕的不仅仅是各种价值观，还有生活观。 181

初出茅庐的专家在进入一个学科领域时，诚然得让自己谙熟该学科当前的研究方式，这也就是说，他们必须遵守前辈、同辈人用来评价对该学科掌握程度的标准。当前的学科界限很显然扮演了双重角色，它们既有解放的作用，又有抑制的作用。其解放作用表现在：它们让有潜力的学者们直抵该领域的知识前沿。而其抑制作用表现在：专业化无可避免地意味着对学科的关注重心进行缩限处理。越走越窄的专业化是 21 世纪科学领域中出现的一个现象。尤其在这种现象中，科际整合或跨学科的兴趣未获得人们的认可（尽管人们并未将其斥为极为肤浅的证据），在人们看来，它们冲淡了人们对处于研究前沿的某些问题的重点关注。而关于这些事情，人们往往要求助于以下问题：这门学科怎样才能进步、怎样才会进步？人们在参与学科研究中可以获得什么好处？很显然，成功的创新是没有固定程式可言的，然而我们可以看到许多事例，这些事例表明，通过运用起初发源于其他兄弟学科乃至远亲学科中的观念、模式、方法，人们收获了创新的硕果。尽管如此，如果有人试图将对若干学科的深刻思考结合起来,他们此举便要冒遭受每个学科中的精英批评的风险。交叉学科领域本身是不存在这类精英的,虽然交叉学科会让创新变得容易些,然而,在既有的学术圈中获得认可变得愈加困难。一个学科要确立自身的地位,其所受的双重限制是:它需要固定的边界以及捍卫边界的有序的精英队伍。不过,为了在这件事上获得连续不断的成功(尤其是在科学领域),它需要保持对各种异见的开放姿态。

　　这样,对学科构成的原理所进行的探索——比如我在此处所进行的探索——便让我们明白了:日益增长的专业化趋势除了有某些好处以外,还存在一些危险。对现今存在于世的精英们有利的是打出旗号,说明只有自己才对这门学科有正确的理解,只有自己才掌握了排他的正确研究方式。不过,就我们所探讨的诸多学科而言,它们都没有对这些问题做出直接回答。相反,问题的复杂性常常为那些负责培训下一代从业者的人所忽略或贬低,他们倾力关注的事则是确保他们自己对学科的认识、自己的研究方式得到传递。

　　在本书所有篇章中反复出现的一个主题是:不同观点的多元化,既有某个学科的观点,也有学科之间的界限和关系的观点。如果人们在更大的程度上意识到这些事,某种思维狭隘现象便能得到矫正(我们认为,它应该会),思维狭隘是精英自我认知中常见的特有病症。在更一般的层面上,我们必须避免任何带有有关"当下的学科分类(尤其是西方大学中的学科分类)是神圣不可侵犯的"想法。我想为这样的认知贡献力量,并希望对这样一个问题,即"当前的学科界限是正确的"这一西方霸权观点(这种观点是不易察觉的或未言明的)做出批判性的认识。正是怀揣这样的希望,我做了这一系列的研究。

我们在上文研究过的不同探索有着各式各样的形式，以后仍是如此。这对人类的想象力做了验证，同样，它也证明了如果新的观念、技艺、雄心为排他性的团体所操纵，精英之形成所产生的消极后果逐渐抵消乃至超过积极影响，创造性会带来种种危险。而如果是这样，有谁能指望人类奋斗的历史是一个从未中断的进步过程？更确切地说，它是一个在创新与权威之间不断发生冲突的过程（或者，按库恩的话说［Kuhn, 1977］，本质上是一个冲突的过程），尽管我们所追踪的历史告诉我们：如果没有与优势共存的劣势，那么我们几乎不可能获得那些优势。

文献版本说明

本书所引希腊文和拉丁文的文献，我所用的版本为霍恩布洛尔和斯鲍福斯所编的《牛津古典辞典》第三版所详列的书籍版本（*The Oxford Classical Dictionary*, ed. S. Hornblower and A. Spawforth［Oxford, 1996］）。

本书所引中国历朝史书（《汉书》《后汉书》及《史记》），我所用的版本为中华书局版。所引《孟子》《墨子》《荀子》（此书我采纳了 Knoblock, 1988—1994 中的编排），为哈佛燕京学社的版本。《道德经》《管子》《论语》《商君书》及《易经》，我所用的版本为香港中文大学中国文化研究所的版本。* 与数学相关的文献，如《周髀算经》《九章算术》及刘徽对于《九章算术》的注释，我所用的版本为钱宝琮校点的《算经十书》（北京，1963 年）。

我所引的其他文献，其版本状况如下：

《韩非子》：陈奇猷《韩非子集释》本**（上海，1958 年）。

---

* 原文为"the University of Hong Kong Institute of Chinese Studies"，有误，应为"the Chinese University of Hong Kong Institute of Chinese Studies"。

** 原文中未标明此书即陈奇猷校注的《韩非子集释》（增订本），此处为译者所加，该书于 1958 年由中华书局（上海编辑所）出版。

文献版本说明

《淮南子》：刘文典《淮南鸿烈集解》本[*]（上海，1923年）。

《黄帝内经》：依据任应秋主编《黄帝内经章句索引》[**]（北京，1986年）。

《论衡》：刘盼遂《论衡集解》本[***]（北京，1957年）。

《吕氏春秋》：陈奇猷《吕氏春秋校释》本[****]（上海，1984年）；我在这里采纳的是王志民（Knoblock）、王安国（Riegel）2000年英译本的章节编排。

《尚书》：顾颉刚《尚书通检》本[*****]（北京，1936年）。

《算数书》：引自《张家山汉墓竹简》本（北京，2001年）。

《左传》：杨伯峻编著《春秋左传注》（四册）[******]（北京，1981年），征引时注明不同的"公"和"年"。

所有的现代著作都以注明作者名及出版年代的方式征引，其详细内容可见于书后所附的参考文献。

---

[*] 原文中未标明此书即刘文典著《淮南鸿烈集解》，此处为译者所加，该书于1923年由上海商务印书馆出版。

[**] 原文中未标明此书即任应秋主编的《黄帝内经章句索引》，此处为译者所加，该书于1986年由北京人民卫生出版社出版。

[***] 原文中未标明此书即刘盼遂著《论衡集解》，此处为译者所加，该书于1957年由北京古籍出版社出版。

[****] 原文中未标明此书即陈奇猷校释的《吕氏春秋校释》，此处为译者所加，该书于1984年由上海学林出版社出版。

[*****] 原文标注中文时错注为"商书"，今已改正，原文中亦未标明此即顾颉刚所编之《尚书通检》，此书于1936年由哈佛燕京学社出版。

[******] 原文中未标明此书即杨伯峻编著的《春秋左传注》，此处为译者所加，该书于1981年由北京中华书局出版。

参考文献

AIKEN, N. E. (1998) *The Biological Origins of Art* (Westport, Conn.).
ANDO, C. (2008) *The Matter of the Gods: Religion and the Roman Empire* (Berkeley and Los Angeles).
ASCHER, M. (1991) *Ethnomathematics* (Pacific Grove, Calif.).
ASPER, M. (2009) "The Two Cultures of Mathematics in Ancient Greece", in Robson and Stedall (2009), ch. 2. 1: 107—132.
ATRAN, S. (2002) *In Gods we Trust* (Oxford).
ATRAN, S., MEDIN, D., and ROSS, N. (2004) "Evolution and Devolution of Knowledge: A Tale of Two Biologies", *Journal of the Royal Anthropological Institute* 10: 395—420.
BARKER, A. D. (1984) *Greek Musical Writings*, i (Cambridge).
—— (2000) *Scientific Method in Ptolemy's Harmonics* (Cambridge).
—— (2007) *The Science of Harmonics in Classical Greece* (Cambridge).
BARROW, T. (1984) *An Illustrated Guide to Maori Art* (Auckland).
BARTH, F. (1975) *Ritual and Knowledge among the Baktaman of New Guinea* (Oslo).
BATES, D. G. (2000) "Why Not Call Modern Medicine 'Alternative'?", *Perspectives in Biology and Medicine* 43: 502—518.
BLACKING, J. (1987) *A Common-Sense View of All Music* (Cambridge).
BOAS, F. (1930) *The Religion of the Kwakiutl Indians*, pt. 2 (New York).
—— (1955) *Primitive Art* (1st edn. 1927) 2nd edn. (New York).
BOLTON, J. D. P. (1962) *Aristeas of Proconnesus* (Oxford).
BOURDIEU, P. (1984) *Distinction: A Social Critique of the Judgement of Taste*

(trans. R. Nice of *La Distinction*: *Critique sociale du jugement* [Paris 1979]) (London).

BOWEN, A. C. (2001) "La scienza del cielo nel periodo pretolemaico", in S. Petruccioli (ed.), *Storia della scienza*, i (Rome: Enciclopedia Italiana), sect. 4, ch. 21: 806—839.

—— (2002a) "Simplicius and the Early History of Greek Planetary Theory", *Perspectives on Science* 10: 155—167.

—— (2002b) "The Art of the Commander and the Emergence of Predictive Astronomy", in C. J. Tuplin and T. E. Rihll (eds.), *Science and Mathematics in Ancient Greek Culture* (Oxford), 76—111.

—— (2007) "The Demarcation of Physical Theory and Astronomy by Geminus and Ptolemy", *Perspectives on Science* 15/3: 327—358.

BOYD, R., and RICHERSON, P. J. (2006) "Solving the Puzzle of Human Cooperation", in S. C. Levinson and P. Jaisson (eds.), *Evolution and Culture* (Cambridge, Mass.), 105—132.

BOYER, P. (1994) *The Naturalness of Religious Ideas* (Berkeley and Los Angeles). 190

—— (2001) *Religion Explained* (New York).

BRAGUE, R. (2002) *Eccentric Culture* (trans. S. Lester of 2nd edn. of *Europe, la voie romaine* [Paris 1993]) (South Bend, Ind.).

—— (2007) *The Law of God* (trans. L. G. Cochrane of *La Loi de Dieu* [Paris 2005]) (Chicago).

BRAIN, P. (1986) *Galen on Blood-letting* (Cambridge).

BRAY, F., DOROFEEVA-LICHTMANN, V., and MÉTAILIÉ, G. (eds.) (2007) *Graphics and Text in the Production of Technical Knowledge in China*: *the Warp and the Weft* (Leiden).

BRONKHORST, J. (1999) "Why Is There Philosophy in India?" (Royal Netherlands Academy of Arts and Sciences, Amsterdam).

—— (2001) "Pāṇini and Euclid: Reflections on Indian Geometry", *Journal of Indian Philosophy* 29: 43—80.

—— (2002) "Discipliné par le débat", in L. Bansat-Boudon and J. Scheid (eds.), *Le Disciple et ses maîtres* (Paris), 207—225.

—— (2007) "Modes of Debate and Refutation of Adversaries in Classical and Medieval India: A Preliminary Investigation", *Antiquorum Philosophia* 1: 269—280.

—— (forthcoming) *Aux origines de la philosophie indienne*: *Esquisse d'une histoire de la philosophie indienne ancienne*.

BROOKE, J. H. (1991) *Science and Religion*: *Some Historical Perspectives* (Cambridge).

BROWN, D. (2000) *Mesopotamian Planetary Astronomy-Astrology* (Groningen).

BROWN, P. (2003) *The Rise of Western Christendom* (1st edn. 1996) 2nd edn. (Oxford).

BRUNSCHWIG, J. (1980) "Du mouvement et de l'immobilité de la loi", *Revue internationale de philosophie* 133—134: 512—540.

—— (1996) "Rule and Exception: On the Aristotelian Theory of Equity", in M. Frede and G. Striker (eds.), *Rationality in Greek Thought* (Oxford), 115—155.

BURKE, P. (2001) "Overture: The New History: Its Past and its Future", in P. Burke (ed.), *New Perspectives in Historical Writing* (1st edn. 1991) 2nd edn. (Cambridge), 1—24.

BUTTERFIELD, H. (1949) *The Origins of Modern Science* (London).

CALAME, C. (1996) *Mythe et l'histoire dans l'antiquité grecque* (Lausanne).

—— (1999) "The Rhetoric of *Muthos* and *Logos*: Forms of Figurative Discourse", in R. Buxton (ed.), *From Myth to Reason?* (Oxford), 119—143.

CAMPBELL, S. (2001) "The Captivating Agency of Art", in Pinney and Thomas (2001), 117—135.

CARR, E. H. (2001) *What is History? With a New Introduction by R. J. Evans* (original edn. 1961) (Houndmills, Basingstoke).

CHEMLA, K., and GUO SHUCHUN (2004) *Les Neuf chapitres*: *Le Classique mathématique de la Chine ancienne et ses commentaires* (Paris).

CHENG, A. (ed.) (2005) "Y a-t-il une philosophie chinoise? Un état de la question", *Extrême-Orient Extrême-Occident* 27.

CLUNAS, C. (1991) *Superfluous Things* (Cambridge).

—— (1997) *Pictures and Visuality in Early Modern China* (London).

COHEN, D. (1995) *Law, Violence, and Community in Classical Athens* (Cambridge).

CONKLIN, H. C. (1954) "The Relation of Hanunóo Culture to the Plant World", PhD diss., Yale University.

CROMBIE, A. C. (1994) *Styles of Scientific Thinking in the European Tradition*,

3 vols. (London).

CULLEN, C. (1996) *Astronomy and Mathematics in Ancient China: The Zhou bi suan jing* (Cambridge).

—— (2001) "Yi'an (case statements): The Origins of a Genre of Chinese Medical Literature", in Hsu (2001), 297—323.

—— (2004) *The Suan Shu Shu: Writings on Reckoning* (Needham Research Institute Working Papers, 1) (Cambridge).

CULPEPER, N. (1979) *Culpeper's Complete Herbal and English Physician* (1st pub. as *The English Physitian*, London 1652) (Hong Kong).

CUNNINGHAM, A., and WILSON, P. (1993) "De-centring the 'Big Picture': *The Origins of Modern Science* and the Modern Origins of Science", *British Journal for the History of Science* 26: 407—432.

CUOMO, S. (2001) *Ancient Mathematics* (London).

DARBO-PESCHANSKI, C. (2007) "The Origins of Greek Historiography", in Marincola (2007), i. 27—38.

DASCAL, M. (2006) *G. W. Leibniz: The Art of Controversies* (Dordrecht).

DASTON, L., and GALISON, P. (2007) *Objectivity* (New York).

DAVIES, J. K. (1996) "Deconstructing Gortyn: When Is a Code a Code?" in L. Foxhall and A. D. E. Lewis (eds.), *Greek Law in its Political Setting* (Oxford), 33—56.

DE CAMARGO, K. R. (2002) "The Thought Style of Physicians: Strategies for Keeping Up with Medical Knowledge", *Social Studies of Science* 32: 827—855.

DEAN-JONES, L. A. (1994) *Women's Bodies in Classical Greek Science* (Oxford).

DEHAENE, S. (1997) *The Number Sense: How the Mind Creates Mathematics* (Oxford).

DELEUZE, G., and GUATTARI, F. (1991) *Qu'est-ce que la philosophie?* (Paris).

DESCOLA, P. (1996) *The Spears of Twilight* (trans. J. Lloyd of *Les Lances du crépuscule* [Paris 1993]) (London).

—— (2005) *Par delà nature et culture* (Paris).

DETIENNE, M. (2008) *Comparing the Incomparable* (trans. J. Lloyd of *Comparer l'incomparable* [Paris 2000]) (Stanford, Calif.).

—— (ed.) (2003) *Qui veut prendre la parole?* (Paris).

DEVEREUX, G. (1961a) "Shamans as Neurotics", *American Anthropologist* 63: 1088—1090.

—— (1961b) *Mohave Ethnopsychiatry and Suicide: The Psychiatric Knowledge and the Psychic Disturbances of an Indian Tribe* (Bureau of American Ethnology, Bulletin 175, Smithsonian Institution, Washington DC).

DIAMOND, A. S. (1971) *Primitive Law Past and Present* (London).

DOROFEEVA-LICHTMANN, V. (1995) "Conception of Terrestrial Organization in the *Shan hai jing*", *Bulletin de l'École Française d'Extrême Orient* 82: 57—110.

—— (2001) "I testi geografici ufficiali dalla dinastia Han alla dinastia Tang", in S. Petruccioli (ed.) *Storia della scienza* (Rome), vol. ii, sect. 16: 190—197.

DOUGLAS, M. (1966) *Purity and Danger* (London).

DRURY, N. (1996) *The Elements of Shamanism* (Shaftesbury).

DUNBAR, R. (1995) *The Trouble with Science* (London).

DUPRÉ, J. (1993) *The Disorder of Things* (Cambridge, Mass.).

DURKHEIM, E. (1976) *The Elementary Forms of the Religious Life* (trans. J. W. Swain of *Les Formes élémentaires de la vie religieuse* [Paris 1912]) 2nd edn. (London).

EAGLETON, T. (1990) *The Ideology of the Aesthetic* (Oxford).

ELIADE, M. (1954) *The Myth of the Eternal Return* (trans. W. R. Trask of *Le Mythe de l'éternel retour* [Paris 1949]) (New York).

—— (1964) *Shamanism: Archaic Techniques of Ecstasy* (trans. W. R. Trask of *Le Chamanisme et les techniques archäiques de l'extase* [Paris 1951]) (New York).

EVANS, E. P. (1906) *The Criminal Prosecution and Capital Punishment of Animals* (London).

EVERETT, D. L. (2005) "Cultural Constraints on Grammar and Cognition in Pirahã", *Current Anthropology* 46: 621—634.

FELDHERR, A., and HARDY, G. (eds.) (forthcoming) *The Oxford History of Historical Writing*, i. *Beginnings to 600 CE* (Oxford).

FESTINGER, L., RIECKEN, H. W., and SCHACHTER, S. (1956) *When Prophecy Fails: A Social and Psychological Study of a Modern Group that Predicted the Destruction of the World* (Minneapolis).

FEYERABEND, P. K. (1975) *Against Method* (London).

FINLEY, M. I. (1962) "Athenian Demagogues", *Past and Present* 21: 3—24.
—— (1975) *The Use and Abuse of History* (London).
FORGE, A. (1967) "The Abelam Artist", in M. Freedman, *Social Organization: Essays Presented to Raymond Firth* (London), 65—84.
FORNARA, C. W. (1983) *The Nature of History in Ancient Greece and Rome* (Berkeley and Los Angeles).
FORRESTER, J. (1996), "If *p*, then what? Thinking in Cases", *History of the Human Sciences* 9/3: 1—25.
FOUCAULT, M. (1967) *Madness and Civilization* (trans. R. Howard of *Histoire de la folie* [Paris 1961]) (London).
—— (1973) *The Birth of the Clinic* (trans. A. M. Sheridan Smith of *La Naissance de la clinique* [Paris 1963]) (London).
—— (1977) *Discipline and Punish* (trans. A. Sheridan of *Surveiller et punir* [Paris 1975]) (London).
FOWLER, D. H. (1999) *The Mathematics of Plato's Academy*, 2nd edn. (Oxford).
—— (1996) "Herodotos and His Contemporaries", *Journal of Hellenic Studies* 116: 62—87.
FOX, R. B. (1952) "The Pinatubo Negritos: Their Useful Plants and Material Culture", *Philippine Journal of Science* 81: 173—391.
FREDE, M. (2004) "Aristotle's Account of the Origins of Philosophy", *Rhizai* 1: 9—44.
FRIEDLANDER, S. (ed.) (1992) *Probing the Limits of Representation* (Cambridge, Mass.).
FURTH, C., ZEITLIN, J. T., and HSIUNG, P. C. (eds.) (2007) *Thinking with Cases* (Honolulu).
GALISON, P., and STUMP, D. J. (eds.) (1996) *The Disunity of Science* (Stanford, Calif.).
GALLAGHER, C., and GREENBLATT, S. (2000) *Practicing New Historicism* (Chicago).
GARNSEY, P. (2007) *Thinking about Property: From Antiquity to the Age of Revolution* (Cambridge).
GEERTZ, C. (1973) *The Interpretation of Cultures* (New York).
—— (1983) *Local Knowledge* (New York).
GELL, A. (1998) *Art and Agency: An Anthropological Theory* (Oxford).

—— (1999) *The Art of Anthropology* (London).

GELLNER, E. (1973) "The Savage and the Modern Mind", in Horton and Finnegan (1973), 162—181.

—— (1985) *Relativism and the Social Sciences* (Cambridge).

GELMAN, R., and GALLISTEL, C. R. (1986) *The Child's Understanding of Number* (Cambridge, Mass.).

GERNET, J. (1985) *China and the Christian Impact* (trans. J. Lloyd of *Chine et christianisme* [Paris 1982]) (Cambridge).

GERNET, L. (1981) *The Anthropology of Ancient Greece* (trans. J. Hamilton and B. Nagy of *Anthropologie de la Grèce antique* [Paris 1968]) (Baltimore).

GINZBURG, C. (1992) "Just One Witness", in Friedlander (1992), ch. 5: 82—96.

—— (1999) *History, Rhetoric and Proof* (Hanover).

GLUCKMAN, M. (1965) *Politics, Law and Ritual in Tribal Society* (Oxford).

—— (1967) *The Judicial Process among the Barotse of Northern Rhodesia* (1st edn. 1955) 2nd edn. (Manchester).

—— (1972) *The Ideas in Barotse Jurisprudence* (1st edn. 1965) 2nd edn. (Manchester).

GÓMEZ NOGALES, S. (1990) "Ibn Ṭufayl, primer filósofo-novelista", in Martínez Lorca (1990b), 359—385.

GOOD, B. J. (1994) *Medicine, Rationality, and Experience* (Cambridge).

GOODMAN, N. (1976) *Languages of Art* (1st edn. 1969), 2nd edn. (Indianapolis).

GOODY, E. (1995) "Social Intelligence and Prayer as Dialogue", in E. Goody (ed.), *Social Intelligence and Interaction* (Cambridge), 206—220.

GOODY, J. (1961) "Religion and Ritual: the Definitional Problem", *British Journal of Sociology* 12: 142—164.

—— (1977) *The Domestication of the Savage Mind* (Cambridge).

GORDON, P. (2004) "Numerical Cognition Without Words: Evidence from Amazonia", *Science* 306/5695: 496—499.

GRAFTON, A. (2007) *What was History?* (Cambridge).

GRAHAM, A. C. (1978) *Later Mohist Logic, Ethics and Science* (London).

—— (1989) *Disputers of the Tao* (La Salle, Ill.).

GRANET, M. (1934) *La Pensée chinoise* (Paris).

GRASSENI, C. (ed.) (2007) *Skilled Visions* (New York).

GREENWOOD, D. J. (1978) "Culture by the Pound: An Anthropological Perspective on Tourism as Cultural Commoditization", in V. L. Smith (ed.), *Hosts and Guests: The Anthropology of Tourism* (Oxford), 129—138.

GREGORY, R. L. (1970) *The Intelligent Eye* (London).

GUTHRIE, S. E. (1993) *Faces in the Clouds: A New Theory of Religion* (Oxford).

HAACK, S. (2007) *Defending Science Within Reason*, 2nd edn. (Amherst, Mass.).

HACKING, I. (1982) "Language, Truth and Reason", in Hollis and Lukes (1982) 48—66 (repr. in Hacking 2002: 159—177).

—— (1983) *Representing and Intervening* (Cambridge).

—— (1991) "The Making and Molding of Child Abuse", *Critical Inquiry* 17: 253—288.

—— (1992a) "'Style' for Historians and Philosophers", *Studies in History and Philosophy of Science* 23: 1—20 (repr. in Hacking 2002: 178—199).

—— (1992b) "Multiple Personality Disorder and its Hosts", *History of the Human Sciences* 5/2: 3—31.

—— (1995) "The Looping Effects of Human Kinds", in D. Sperber, D. Premack, and A. J. Premack (eds.), *Causal Cognition* (Oxford), 351—383.

—— (1996) "The Disunities of the Sciences", in Galison and Stump (1996), 37—74.

—— (2002) *Historical Ontology* (Cambridge, Mass.).

HADOT, P. (1990) "Forms of Life and Forms of Discourse in Ancient Philosophy", *Critical Inquiry* 16: 483—505.

—— (2002) *What Is Ancient Philosophy?* (trans. M. Chase of *Qu'est-ce que la philosophie antique?* [Paris 1995]) (Cambridge, Mass.).

HAIDT, J., and JOSEPH, C. (2004) "Intuitive Ethics: How Innately Prepared Intuitions Generate Culturally Variable Virtues", *Daedalus* (Fall), 55—66.

HANSEN, M. H. (1983) *The Athenian Ecclesia* (Copenhagen).

HARPER, D. (1998) *Early Chinese Medical Literature: The Mawangdui Medical Manuscripts* (London).

HARRISON, P. (2002) *"Religion" and the Religions in the English Enlightenment* (1st pub. 1990), 2nd edn. (Cambridge).

HARTOG, F. (1988) *The Mirror of Herodotus* (trans. J. Lloyd of *Le Miroir d'Hérodote* [Paris 1980]) (Berkeley and Los Angeles).

—— (2003) *Régimes d'historicité* (Paris).

—— (2005) *Évidence de l'histoiré* (Paris).

HASKELL, F. (1963) *Patrons and Painters: A Study in the Relations between Italian Art and Society in the Age of the Baroque* (London).

HAYES, P. J. (1990) "The Naive Physics Manifesto", in M. Boden (ed.), *The Philosophy of Artificial Intelligence* (Oxford), 171—205 (originally published in D. Michie (ed.), *Expert Systems in the Micro-Electronic Age* [Edinburgh 1979], 242—270).

HENARE, A., HOLBRAAD, M., and WASTELL, S. (eds.) (2007) *Thinking Through Things* (London).

HERMAN, G. (1987) *Ritualised Friendship and the Greek City* (Cambridge).

HO PENG-YOKE (1991) "Chinese Science: The Traditional Chinese View", *Bulletin of the School of Oriental and African Studies* 54: 506—519.

HÖLKESKAMP, K. -J. (2005) "What's in a Code? Solon's Laws between Complexity, Compilation and Contingency", *Hermes* 133: 280—293.

HOLLIS, M., and LUKES, S. (eds.) (1982) *Rationality and Relativism* (Oxford).

HOPKINS, K. (1980) "Brother-Sister Marriage in Roman Egypt", *Comparative Studies in Society and History* 22: 303—354.

HORNBLOWER, S. (ed.) (1994) *Greek Historiography* (Oxford).

HORTON, R. (1960) "A Definition of Religion, and Its Uses", *Journal of the Royal Anthropological Institute of Great Britain and Ireland* 90: 201—226.

—— (1965) *Kalabari Sculpture* (Lagos).

HORTON, R. (1970) "African Traditional Thought and Western Science" (originally published in *Africa* 37: 50—71 and 155—187), in Wilson (1970), 131—171.

—— and FINNEGAN, R. (eds.) (1973) *Modes of Thought* (London).

HSU, E. (2002) *The Telling Touch* (Habilitationschrift, Sinology, University of Heidelberg).

—— (ed.) (2001) *Innovation in Chinese Medicine* (Cambridge).

—— and HØG, E. (eds.) (2002) *Countervailing Creativity: Patient Agency in the Globalisation of Asian Medicines* (Special Issue of *Anthropology and Medicine* 9/3) (Oxford).

—— and. LOW, C. (eds.) (2007) *Wind, Life, Health: Anthropological and Historical Perspectives* (Special Issue of *Journal of the Royal Anthropological Institute*).

HUANG YI-LONG and CHANG CHIH-CH'ENG (1996) "The Evolution and Decline of the Ancient Chinese Practice of Watching for the Ethers", *Chinese Science* 13: 82—106.

HUFFMAN, C. A. (2005) *Archytas of Tarentum* (Cambridge).

HUGHES-FREELAND, F. (1997) "Art and Politics: From Javanese Court Dance to Indonesian Art", *Journal of the Royal Anthropological Institute* 3: 473—495.

HULSEWÉ, A. F. P. (1955) *Remnants of Han Law*, i. *Introductory Studies* (LEIDEN).

—— (1986) "Ch'in and Han Law", in D. Twitchett and M. A. N. Loewe (eds.), *The Cambridge History of China* (Cambridge), i, ch. 9: 520—544.

HUMPHREY, C., and ONON, U. (1996) *Shamans and Elders: Experience, Knowledge, and Power among the Daur Mongols* (Oxford).

HUMPHREYS, S. C. (1985) "Social Relations on Stage: Witnesses in Classical Athens", *History and Anthropology* 1: 313—369.

HUNGER, H. (1992) *Astrological Reports to Assyrian Kings* (State Archives of Assyria 8, Helsinki).

IMHAUSEN, A. (2009) "Traditions and Myths in the Historiography of Egyptian Mathematics", in Robson and Stedall (2009), ch. 9. 1: 781—800.

INGOLD, T. (2000) *The Perception of the Environment* (London).

—— (ed.) (1996) *Key Debates in Anthropology* (London).

JAMES, W. (1902) *The Varieties of Religious Experience* (London).

JARVIE, I. C. (1970) "Explaining Cargo Cults", in Wilson (1970), 50—61.

JONES, A. R. (1999) *Astronomical Papyri from Oxyrhynchus* (Memoirs of the American Philosophical Society, 233, Philadelphia).

JULLIEN, F. (1995) *The Propensity of Things* (trans. J. Lloyd of *La Propension des choses* [Paris, 1992]) (New York).

KAUL, A. R. (2007) "The Limits of Commodification in Traditional Irish Music Sessions", *Journal of the Royal Anthropological Institute* 13:703—719.

KEANE, W. (2008) "The Evidence of the Senses and the Materiality of Religion", *Journal of the Royal Anthropological Institute*, special issue: S110-S127.

KEEGAN, D. J. (1988) "The 'Huang-ti nei-ching': The Structure of the Compilation, the Significance of the Structure", unpublished PhD, University of

California, Berkeley.

KING, H. (1998) *Hippocrates' Woman*: *Reading the Female Body in Ancient Greece* (London).

KLEINMAN, A. (1980) *Patients and Healers in the Context of Culture* (Berkeley and Los Angeles).

—— (1995) *Writing at the Margin*: *Discourse between Anthropology and Medicine* (Berkeley and Los Angeles).

—— and GOOD, B. (eds.) (1985) *Culture and Depression* (Berkeley and Los Angeles).

KLEINMAN, A., KUNSTADTER, P., ALEXANDER, E. R., and GALL, J. L. (eds.) (1975) *Medicine in Chinese Cultures* (Bethesda).

KNOBLOCK, J. (1988—1994) *Xunzi*: *A Translation and Study of the Complete Works*, 3 vols. (Stanford, Calif.).

—— and RIEGEL, J. (2000) *The Annals of Lü Buwei* (Stanford, Calif.).

KNORR, W. R. (1986) *The Ancient Tradition of Geometric Problems* (Boston).

KOSELLECK, R. (1985) *Historia Magistra Vitae* (1st pub. in H. Braun and M. Riedel [eds.] *Natur und Geschichte: Karl Löwith zum 70 Geburtstag* [Stuttgart 1967], 825—838) in *Futures Past* (trans. K. Tribe of *Vergangene Zukunft* [Frankfurt 1985]) (Cambridge, Mass.), 21—38.

KROEBER, T. (1961) *Ishi* (Berkeley and Los Angeles).

KUHN, T. S. (1970) *The Structure of Scientific Revolutions* (1st pub. 1962) 2nd edn. (Chicago).

—— (1977) *The Essential Tension* (Chicago).

KURIYAMA, S. (1999) *The Expressiveness of the Body and the Divergence of Greek and Chinese Medicine* (New York).

KUSCH, M. (2002) *Knowledge by Agreement* (Oxford).

LAÍN ENTRALGO, P. (1970) *The Therapy of the Word in Classical Antiquity* (trans. L. J. Rather and J. M. Sharp of *La curación por la palabra en la Antigüedad clásica* [Madrid 1958]) (New Haven).

LANG, P. (ed.) (2004) *Reinventions*: *Essays on Hellenistic and Early Roman Science* (Kelowna).

LATOUR, B. (1988) *The Pasteurization of France* (trans. A. Sheridan and J. Law of *Les Microbes*: *Guerre et paix suivi de irréductions* [Paris 1984]) (Cambridge, Mass.).

LAYTON, R. (1991) *The Anthropology of Art* (1st edn. 1981) 2nd edn. (Cambridge).

LEACH, E. R. (1961) *Rethinking Anthopology* (London).

LESLIE, C. (ed.) (1976) *Asian Medical Systems: A Comparative Study* (Berkeley and Los Angeles).

LÉVI-STRAUSS, C. (1966) *The Savage Mind* (trans. of *La Pensée sauvage* [Paris 1962]) (London).

—— (1968) *Structural Anthropology* (trans. C. Jacobson and B. G. Schoepf of *Anthropologie structurale* [Paris 1958]) (London).

LEWIS, G. (1975) *Knowledge of Illness in a Sepik Society* (London).

LEWIS, M. E. (1999) *Writing and Authority in Early China* (Albany, NY).

LINDENBAUM, S., and LOCK, M. (eds.) (1993) *Knowledge, Power, and Practice: The Anthropology of Medicine and Everyday Life* (Berkeley and Los Angeles).

LITTLE, K. (1965) "The Political Function of the Poro, Part I", *Africa* 35: 349—365.

—— (1966) "The Political Function of the Poro, Part II", *Africa* 36: 62—72.

LLOYD, G. E. R. (1987) *The Revolutions of Wisdom* (Berkeley and Los Angeles).

—— (1990) *Demystifying Mentalities* (Cambridge).

—— (1991) *Methods and Problems in Greek Science* (Cambridge).

—— (2002) *The Ambitions of Curiosity* (Cambridge).

—— (2003) *In the Grip of Disease* (Oxford).

—— (2004) *Ancient Worlds, Modern Reflections* (Oxford).

—— (2005a) "The Institutions of Censure: China, Greece and the Modern World", *Quaderni di storia* 62: 7—52.

—— (2005b) *The Delusions of Invulnerability* (London).

—— (2006) "Mathematics as a Model of Method in Galen", in *Principles and Practices in Ancient Greek and Chinese Science* (Aldershot), ch. v.

—— and SIVIN, N. (2002) *The Way and the Word* (New Haven).

LOEWE, M. A. N. (2004) *The Men who Governed Han China* (Leiden).

—— (2006) *The Government of the Qin and Han Empires 221 BCE—220 CE* (Indianapolis).

LUHRMANN, T. H. (2000) *Of Two Minds: The Growing Disorder in American Psychiatry* (New York).

MACDOWELL, D. M. (1978) *The Law in Classical Athens* (London).

MACINTYRE, A. (1970) "Is Understanding Religion Compatible with Believing?" in Wilson (1970), 62—77.

MAJOR, J. S. (1993) *Heaven and Earth in Early Han Thought* (Albany, NY).

MALINOWSKI, B. (1925) "Magic Science and Religion" in Needham (1925), 19—84.

MARCOVITCH, H. (ed.) (2005) *Black's Medical Dictionary*, 41st edn. (London).

MARINCOLA, J. (ed.) (2007) *A Companion to Greek and Roman Historiography*, 2 vols. (Oxford).

MARTÍNEZ LORCA, A. (1990a) "La Filosofía en al-Andalus: Una aproximación histórica", in Martínez Lorca (1990b), 7—93.

—— (ed.) (1990b) *Ensayos sobre la Filoso fía en el al-Andalus* (Barcelona).

MASUZAWA, T. (2005) *The Invention of World Religions* (Chicago).

MATILAL, B. K. (1971) *Epistemology, Logic and Grammar in Indian Philosophical Analysis*, Janua Linguarum Series Minor 111 (The Hague).

—— (1985) *Logic, Language and Reality* (Delhi).

MATTHEWS, G. B. (1984) *Dialogues with Children* (Cambridge, Mass.)

MÉTAILIÉ, G. (2001) "The *Bencao gangmu* of Li Shizhen: An Innovation in Medical History?", in Hsu (2001), 221—261.

MITHEN, S. (1996) *The Prehistory of the Mind: A Search for the Origins of Art, Religion and Science* (London).

MOMIGLIANO, A. (1966) "Time in Ancient Historiography", *History and Theory* 6: 1—23.

MUELLER, I. (2004) "Remarks on Physics and Mathematical Astronomy and Optics in Epicurus, Sextus Empiricus, and Some Stoics", in Lang (2004), 57—87.

MUNGELLO, D. (ed.) (1994) *The Chinese Rites Controversy* (Nettetal).

NAPIER, A. D. (1992) *Foreign Bodies: Performance, Art, and Symbolic Anthropology* (Berkeley and Los Angeles).

NEEDHAM, J. (ed.) (1925) *Science Religion and Reality* (London).

NEEDHAM, J. (1954—) *Science and Civilisation in China* (24 vols. to date) (Cambridge).

NETZ, R. (1999) *The Shaping of Deduction in Greek Mathematics* (Cambridge).

—— (forthcoming) *Ludic Proof* (Cambridge).

NICHTER, M. and LOCK, M. (eds.) (2002) *New Horizons in Medical Anthopology* (London).

NICOLAI, R. (2007) "The Place of History in the Ancient World", in Marincola (2007), i. 13—26.

NUTTON, V. (2004) *Ancient Medicine* (London).

NYLAN, M. (2001) *The Five "Confucian" Classics* (New Haven).

OSBORNE, R. (1985) "Law in Action in Classical Athens", *Journal of Hellenic Studies* 105: 40—58.

—— (1997) "Law and Laws: How Do We Join Up the Dots?", in L. G. Mitchell and P. J. Rhodes (eds.), *The Development of the Polis in Archaic Greece* (London), 74—82.

OVERMYER, D. L., KEIGHTLEY, D. N., SHAUGHNESSY, E. L., COOK, C. A., and HARPER, D. (1995) "Early Religious Traditions: The Neolithic Period Through the Han Dynasty, ca. 4000 B. C. E. to 220 C. E.", *The Journal of Asian Studies* 54/1: 124—160.

PARKER, R. (1983) *Miasma: Pollution and Purification in Early Greek Religion* (Oxford).

PARPOLA, S. (1970) *Letters from Assyrian Scholars to the Kings Esarhaddon and Assurbanipal* pt. 1 (Alter Orient und Altes Testament 5/1, Neukirchen).

—— (1983) *Letters from Assyrian Scholars to the Kings Esarhaddon and Assurbanipal* pt. 2 (Alter Orient und Altes Testament 5/2, Neukirchen).

—— (1993) *Letters from Assyrian and Babylonian Scholars* (State Archives of Assyria 10, Helsinki).

PIAGET, J. (1930) *The Child's Conception of Physical Causality* (trans. M. Gabain of *La Causalité physique chez l'enfant* [Paris 1927]) (London).

PINNEY, C., and THOMAS, N. (eds.) (2001) *Beyond Aesthetics* (Oxford).

POLKINGHORNE, J. (2000) "Eschatology: Some Questions and Some Insights from Science", in *The End of the World and the Ends of God*, eds. J. Polkinghorne and M. Welker (Harrisburg), 29—41.

PRESS, G. A. (1982) *The Development of the Idea of History* (Kingston).

PRITCHARD, J. B. (1969) *Ancient Near Eastern Texts* (1st edn. 1955), 3rd edn. (Princeton).

PUETT, M. J. (2002) *To Become a God: Cosmology, Sacrifice, and Self-Divinization in Early China* (Cambridge, Mass.).

PYYSIÄINEN, I. (2001) *How Religion Works: Towards a New Cognitive Science of Religion* (Leiden).

—— and ANTTONEN, V. (eds.) (2002) *Current Approaches in the Cognitive Science of Religion* (London).

REDING, J. -P. (1985) *Les Fondements philosophiques de la rhétorique chez les sophistes grecs et chez les sophistes chinois* (Bern).

RENAN, E. (1935) *The Memoirs of Ernest Renan* (trans. J. Lewis May of *Souvenirs d'enfance et de jeunesse* [Paris 1883]) (London).

RICHARDSON, M. E. J. (2000) *Hammurabi's Laws* (Sheffield).

RICOEUR, P. (2004) *Memory, History, Forgetting* (trans. K. Blamey and D. Pellauer of *La Mémoire, l'histoire, l'oubli* [Paris 2000]) (Chicago).

RIDDLE, J. M. (1985) *Dioscorides on Pharmacy and Medicine* (Austin).

ROBINET, I. (1997) *Taoism: Growth of a Religion* (trans. P. Brooks of *Histoire du Taoisme: Des origines au XIVe siècle* [Paris 1991]) (Stanford, Calif.).

ROBSON, E. (2009) "Mathematics Education in an Old Babylonian Scribal School", in Robson and Stedall (2009), ch. 3. 1: 199—227.

—— and STEDALL, J. (eds.) (2009) *The Oxford Handbook of the History of Mathematics* (Oxford).

ROCHBERG, F. (2004) *The Heavenly Writing: Divination, Horoscopy, and Astronomy in Mesopotamian Culture* (Cambridge).

ROSEN, L. (1989) *The Anthropology of Justice* (Cambridge).

ROSS, N. (2002) "Cognitive Aspects of Intergenerational Change: Mental Models, Cultural Change, and Environmental Behavior among the Lacandon Maya of Southern Mexico", *Human Organization* 61: 125—138.

ROSSI, C. (2009) "Mixing, Building, and Feeding: Mathematics and Technology in Ancient Egypt", in Robson and Stedall (2009), ch. 5. 1: 407—428.

SACKETT, D. L., SCOTT RICHARDSON, W., ROSENBERG, W., and HAYNES, R. B. (1997) *Evidence Based Medicine: How to Practice and Teach EBM* (Edinburgh).

SAITO, K. (2009) "Reading Ancient Greek Mathematics", in Robson and Stedall (2009), ch. 9. 2: 801—826.

SALER, B. (2000) *Conceptualizing Religion* (New York).

SCARBOROUGH, J., and NUTTON, V. (1982) "The Preface of Dioscorides' *De Materia Medica*", *Transactions and Studies of the College of Physicians of*

Philadelphia ser. 5, 4: 187—227.

SCHACHT, J. (1964) *An Introduction to Islamic Law* (Oxford).

SCHEIDEL, W. (1997) "Brother-Sister Marriage in Roman Egypt", *Journal of Biosocial Science* 29: 361—371.

SCODITTI, G. M. G. (1990) *Kitawa: A Linguistic and Aesthetic Analysis of Visual Art in Melanesia* (Berlin).

SHAPIN, S., and SCHAFFER, S. (1985) *Leviathan and the Air Pump* (Princeton).

SHEPHERD, R. (2002) "Commodification, Culture and Tourism", *Tourist Studies* 2: 183—201.

SHIROKOGOROFF, S. M. (1935) *Psychomental Complex of the Tungus* (London).

SILVERMAN, J. (1967) "Shamanism and Acute Schizophrenia", *American Anthropologist* 69: 21—31.

SIVIN, N. (1987) *Traditional Medicine in Contemporary China* (Ann Arbor).

—— (1995a) "Cosmos and Computation in Early Chinese Mathematical Astronomy", in *Researches and Reflections*, i. *Science in Ancient China* (Aldershot) ch. ii (original publication *T'oung Pao* 55 [1969]: 1—73).

—— (1995b) "On the Word 'Taoist' as a Source of Perplexity", in N. Sivin, *Researches and Reflections*, ii. *Medicine, Philosophy and Religion in Ancient China* (Aldershot), ch. vi (original publication *History of Religions* 17 [1978]: 303—330).

SKORUPSKI, J. (1976) *Symbol and Theory* (Cambridge).

SMITH, B., and CASATI, R. (1994) "Naive Physics: An Essay in Ontology", *Philosophical Psychology* 7: 227—247.

SOLSO, R. L. (2004) *The Psychology of Art and the Evolution of the Conscious Brain* (Cambridge, Mass.).

SPERBER, D. (1975) *Rethinking Symbolism* (trans. A. Morton of *Le Symbolisme en général* [Paris 1974]) (Cambridge).

—— (1985) *On Anthropological Knowledge* (Cambridge).

STADEN, H. VON (1989) *Herophilus: The Art of Medicine in Early Alexandria* (Cambridge).

STRATHERN, A., and STRATHERN, M. (1971) *Self-Decoration in Mount Hagen* (London).

STRATHERN, M. (1979) "The Self in Self-Decoration", *Oceania* 49: 241—257.

TAMBIAH, S. J. (1968) "The Magical Power of Words", *Man*, NS 3: 175—208.

—— (1973) "Form and Meaning of Magical Acts: A Point of View", in Horton and Finnegan (1973), 199—229.

—— (1990) *Magic, Science, Religion, and the Scope of Rationality* (Cambridge).

TAYLOR, L. (2008) "'They May Say Tourist, May Say Truly Painting': Aesthetic Evaluation and Meaning of Bark Paintings in Western Arnhem Land, Northern Australia", *Journal of the Royal Anthropological Institute* 14: 865—885.

THAPAR, R. (1996) *Time as a Metaphor of History: Early India* (Delhi).

THOMAS, K. (1971) *Religion and the Decline of Magic* (London).

THOMAS, N., and HUMPHREY, C. (eds.) (1994) *Shamanism, History, and the State* (Ann Arbor).

TODD, S. C. (1990) "The Purpose of Evidence in Athenian Courts", in *Nomos*, eds. P. Cartledge, P. Millett, and S. Todd (Cambridge), 19—39.

TOOBY, J., and COSMIDES, L. (2001) "Does Beauty Build Adapted Minds?", *SubStance* 30/1—2: 6—27.

TOUWAIDE, A. (1997) "La Thérapeutique médicamenteuse de Dioscoride à Galien: Du *pharmaco-centrisme* au *médico-centrisme*", in A. Debru (ed.), *Galen on Pharmacology* (Leiden), 255—282.

TYBJERG, K. (2004) "Hero of Alexandria's Mechanical Geometry", in Lang (2004), 29—56.

TYLOR, E. B. (1891) *Primitive Culture* (1st edn. 1871) 2nd edn., 2 vols. (London).

UNSCHULD, P. U. (1985) *Medicine in China: A History of Ideas* (Berkeley and Los Angeles).

—— (1986) *Medicine in China: A History of Pharmaceutics* (Berkeley and Los Angeles).

VANDERMEERSCH, L. (2007) "La Conception chinoise de l'histoire", in A. Cheng (ed.), *La Pensée en Chine aujourd'hui* (Paris), 47—74.

VERNANT, J. -P. (1983) *Myth and Thought among the Greeks* (trans. of *Mythe et pensée chez les grecs* [Paris 1965]) (London).

VIDAL-NAQUET, P. (1977) "Du bon usage de la trahison", in *Flavius Josèphe: La Guerre des Juifs*, P. Savinel (Paris), 9—115.

—— (1986) *The Black Hunter* (trans. A. Szegedy-Maszak of *Le Chasseur noir* [Paris 1981]) (Baltimore).

—— (2005) *Flavius Josèphe et la Guerre des juifs* (Paris).

VITEBSKY, P. (1995) *The Shaman* (London).

VITRAC, B. (2005) "Les Classifications des sciences mathématiques en Grèce ancienne", *Archives de philosophie* 68: 269—301.

VIVEIROS DE CASTRO, E. (1998) "Cosmological Deixis and Amerindian Perspectivism", *Journal of the Royal Anthropological Institute*, NS 4: 469—488.

VOLKOV, A. (1997) "Zhao Youqin and his Calculation of π", *Historia Mathematica* 24: 301—331.

WAGNER, D. B. (1979) "An Early Chinese Derivation of the Volume of a Pyramid: Liu Hui, Third Century AD", *Historia Mathematica* 6: 164—188.

WATSON, B. (2003) *Han Feizi: Basic Writings* (1st edn. 1964), 2nd edn. (New York).

WEBER, M. (1947) *From Max Weber: Essays in Sociology* (trans., ed., and introd. H. H. Gerth and C. Wright Mills) (London).

—— (2001) *The Protestant Ethic and the Spirit of Capitalism* (trans. T. Parsons of *Protestantische Ethik und der Geist des Kapitalismus*) (1st edn. 1930), 2nd edn. A. Giddens (London).

WEINER, J. F. (ed.) (1994) *Aesthetics Is a Cross-Cultural Category* (Manchester).

WHITE, H. V. (1973) *Metahistory: The Historical Imagination in Nineteenth-Century Europe* (Baltimore).

—— (1978) *Tropics of Discourse* (Baltimore).

—— (1992) "Historical Employment and the Problem of Truth", in Friedlander (1992), ch. 2: 37—53.

WHITEHOUSE, H. (1995) *Inside the Cult: Religious Innovation and Transmission in Papua New Guinea* (Oxford).

—— (2000) *Arguments and Icons: Divergent Modes of Religiosity* (Oxford).

—— (2004) *Modes of Religiosity: A Cognitive Theory of Religious Transmission* (Walnut Creek).

WILLETTS, R. F. (1967) *The Law Code of Gortyn* (Berlin).

WILLIAMS, B. A. O. (1981) "Philosophy", in M. I. Finley (ed.), *The Legacy of Greece* (London), ch. 8: 202—255.

—— (2002) *Truth and Truthfulness: An Essay in Genealogy* (Princeton).

WILSON, B. R. (ed.) (1970) *Rationality* (Oxford).

WINCH, P. (1970) "Understanding a Primitive Society", in Wilson (1970), 78—

110.

WITTGENSTEIN, L. (1966) *Lectures and Conversations on Aesthetics, Psychology and Religious Belief*, ed. C. Barrett (Oxford).

WOJCIK, D. (1997) *The End of the World as We Know It: Faith, Fatalism, and Apocalypse in America* (New York).

WORSLEY, P. (1957) *The Trumpet Shall Sound: A Study of "Cargo" Cults in Melanesia* (London).

ZEMPLÉNI, A. (2003) "Les Assemblées secrètes du Poro sénoufo (Nafara, Côte d'Ivoire)", in Detienne (2003), 107—144.

ZIMMERMANN, F. (1987) *The Jungle and the Aroma of Meats* (trans. J. Lloyd of *La Jungle et le fumet des viandes* [Paris 1982]) (Berkeley and Los Angeles).

ZYSK, K. G. (1991) *Asceticism and Healing in Ancient India: Medicine in the Buddhist Monastery* (Oxford).

—— (2007) "The Bodily Winds in Ancient India Revisited", in Hsu and Low (2007), 105—115.

索 引

（索引页码为原书页码，即本书边码）

Abaris 阿巴里斯 145
Abelam 阿布拉姆 101n.
Abū Yūsuf Yaʿ Ḳub al-Manṣūr 哈里发曼苏尔 22
academies 学院 12, 95, 97, 159, 178
Achuar 阿丘雅族 79, 102n.
actants 行为体 168
Actors' versus observers' categories 行为者与观察者的类别 99, 108—109, 172
acupuncture 针灸 82, 85
advisers 谋士 11—16, 73, 117, 122, 134, 162
Aeschylus 埃斯库罗斯 65
aesthetics 美学 6, 10, 93, 96, 100, 108—110, 179
agriculture 农业 161, 164
Alcibiades 亚西比德 66
Alexander 亚历山大 18, 69n., 132
Alexandria 亚历山大里亚 84
almanacs 年鉴 71
Amazonia 亚马孙地区 102
analogies 类比 55—56, 63, 75, 116n., 119, 127, 146, 167, 179

anatomy 解剖学 84—85, 180n.
Anaxagoras 阿那克萨戈拉 128, 142
Anaximander 阿那克西曼德 128
ancestor worship 祖先崇拜 139, 141
animals 动物 66, 84—85, 102, 155—156, 161, 163—164
    trials of 动物试验 133
annals 编年史 71
anthropology 人类学 29, 58, 91, 155, 169
anthropomorphism 拟人论 137, 140
Antiphon 安提丰 126—127
apprenticeship 学徒期 79, 100, 170, 175
approximations 近似值 44, 47, 53
Aquinas 阿奎那 21
Arabs 阿拉伯人 5, 21
archaeology 考古学 68, 70—71
Archimedes 阿基米德 37—39, 50, 55
archives 案卷 59, 73, 163
Archytas 阿尔库塔斯 35, 128
Areopagus 最高法院 129
Aristarchus 阿里斯塔库斯 43
Aristeas 亚里斯提亚 145
Aristides, Aelius 阿里乌斯·阿里斯泰

德 87
Aristophanes 阿里斯托芬 142
Aristotle 亚里士多德 9—10, 16, 21, 26, 33—36, 42—43, 66—67, 84, 125, 131—132, 157
Aristoxenus 阿里斯托塞诺斯 40, 47
arithmetic 算术 31—32, 37, 40, 44, 55
art 艺术 90, 93—111, 172, 174—175, 179—180
Asclepius 阿斯克勒庇俄斯 83, 87
assemblies 集会 34, 122, 124—125, 128—131, 135, 148
Assyria 亚述 162
astrology 占星术 42, 44, 87
astronomy 天文学 22, 31, 36—37, 41—42, 72, 127, 162, 166
ataraxia 宁静 8, 20
Athens 雅典 62—63, 65, 67, 124—126, 128—131, 133
ātman 自我 20
atomism 原子论 17—18
audiences 观众 19, 34, 68, 73, 75, 107—108, 179
Augustine 奥古斯丁 21
authority 权威 23, 90—91, 134—135, 143, 146—148, 165, 177—179, 182
Autolycus of Pitane 皮坦纳的奥托吕科斯 43
Averroes 阿维洛伊, 参阅 Ibn Rushd (伊本·路世德)
Avicenna 阿维森纳, 参阅 Ibn Sīnā (伊本·西那)
axioms 原理 34—39, 54—55, 85, 166
Ayurvedic medicine 阿育吠陀医学 83, 90

Babylonia 巴比伦王国 37, 113—114, 162, 165
Bactria 大夏王国 18

Baktaman 巴克塔曼人 139
Ban Gu 班固 71—73
barbarians 蛮族 63, 67, 125
Barotse 巴罗策 24, 113
beauty 美 84, 102, 107, 109, 127
Berenson, B. 伯纳德·贝伦森 94
Bible《圣经》142
biography 传记 14, 68, 72
biology 生物学 23, 90—91, 156, 169—170
biomedicine 生物医学 3, 76—77, 84, 88—92
body-painting 人体彩绘 102
Boyer, P. 博伊尔 145
Boyle, R. 波义耳 168
brahman 婆罗门 20
Brāhmaṇas《梵书》17
Brahmanism 婆罗门教 17—18, 20
Bronkhorst, J. 布朗克霍斯特 18—19
Buddhism 佛教 15, 17—18, 20, 137, 140—141
bureaucracy 官僚主义 12

cadres 骨干 3, 12, 70, 114, 120, 134, 170, 181, 参阅 elites (精英)
Caelius Aurelianus 塞利乌斯·奥勒利努斯 89n.
calculation 计算 32, 37, 45, 49—50, 53, 55, 173
calendars 日历 33, 46, 48, 72, 161
calligraphy 书法 95
Callicles 卡利克勒 126
Callippus 卡利普斯 43
Callisthenes 卡利斯提尼 69n.
canons (*jing*) 真经 12, 47, 70, 83, 146, 175, 178
Caraka Saṃhitā《遮罗迦本集》81, 83
cases, legal 法律案例 120

索 引   243

medical 医疗案例 83—84, 163
castes 种姓制度 148—149
Catholics, Roman 罗马天主教徒 138
causation 因果 23, 76—77, 80, 82, 84, 87, 89, 156
celebration 庆典 60, 63, 66, 69, 75, 173
certainty 必然性 34, 37, 43—44, 55, 57, 参阅 incontrovertibility（无可辩驳性）
change 改变 15, 19, 149
charisma 魅力 89, 148—149
chemistry 化学 89, 154, 170
childbirth 分娩 78, 115
China 中国 5, 10—17, 20, 25, 28—29, 44—56, 59, 66, 70—76, 81—84, 86, 88—90, 94—97, 116—122, 125, 133—134, 136, 138—141, 150, 154n., 156, 159, 161, 163, 165—166, 178
Christianity 基督教 21—23, 69, 87, 100, 102, 106, 137, 141, 143, 148, 150—151
Chunqiu《春秋》, 参阅 Spring and Autumn Annals（《春秋》）
churches 教堂 100, 102—103, 106, 142, 149
Cicero 西塞罗 42
citizens 公民 125, 129—130, 132
city-states 城邦 62, 125, 132
Cleon 克里昂 62
codification of laws 法律编撰 111, 114, 116—117, 121, 124, 132, 134
cognitive capacities 认知能力 6, 27, 153—154, 159—160, 166, 169, 173
comedy 喜剧 131, 140
commentaries 评注 49—50, 71
commodification 商品性 110
competition 竞赛 68—69, 75, 81—82, 85, 88, 90, 93, 170, 175, 177
concords 主大调／谐音 33, 41

Confucianism 孔子思想 11, 137
Confucius 孔子 11—14, 46, 70, 111, 116—117, 141
conjecture 推测 43—44, 55
connoisseurs 鉴赏家 93—95, 108—109, 174
consensus 舆论 24, 95, 130n., 135, 171
consistency 一致性 158, 180
contradiction, suspension of law of 法律失效的矛盾 143
Copernicus 哥白尼 151, 157, 159
cosmology 宇宙学 14—15, 19, 21, 46—47, 55, 58, 81, 96, 99, 121, 127—128, 162n., 166, 169
courts 法院 11, 19, 参阅 law courts（法院）
Craftsman 工匠 121, 127
crime 犯罪 89, 112, 117, 121
Critias 克里底亚 140
Croesus 克洛伊索斯 31, 67
Crombie, A. C. 克龙比 153, 166—167
Culpeper, N. 卡尔培波 87
Cyclopes 独眼巨人 123

dance 舞蹈 108
dao 道 11, 13, 20, 47—48, 54, 137, 141, 178
Daodejing《道德经》111n.
'Daoists' 道教 11
Darwin, C. 达尔文 23, 151
death, anxiety over 死亡焦虑 140
debate 辩论 12, 16—19, 120—121, 126, 132, 148, 180
definitions 定义 36
demagogues 煽动者 62
democracy 民主 74, 122, 128—131, 134
demonstration 示威 16, 34—39, 43, 56, 85, 166—167
Descola, P. 德斯科拉 79, 102n., 164

Detienne, M. 德蒂安 64, 148
diagnosis 诊断 76
diagrams 图解 34, 96
dialectic 辩证法 9, 16, 34, 43
dialogue 对话 13
dicasts 审判官 129—131, 133
Diogenes of Apollonia 阿波罗尼亚的欧根尼 128
Dionysius II 狄俄尼索斯二世 128
Diophantus 丢番图 32
Dioscorides 迪奥斯科里德斯 87—88
disease 疾病 76—78, 80—82, 87, 91, 127, 163
dissection 解剖 84—85
divination 占卜 46—47, 71n.
DNA analysis 基因分析法 166
dokimasia 入职审查权 129
Douglas, Mary 玛丽·道格拉斯 148
Dreros 德莱罗斯 124
drugs 毒品 80, 89
Durkheim, E. 涂尔干 144

earth 地球 48, 142
eclipses 日月蚀 48, 156, 162
ecology 生态学 157
economics 经济学 155
education 教育 12, 23, 60, 70, 96, 114, 131, 172, 176
efficacy 效力 83, 90—91, 96, 100, 146, 179
egalitarianism 平等主义 122, 130, 148
Egypt 埃及 33, 37, 66—67, 114, 125
Einstein, A. 爱因斯坦 157
elders 长者 122, 124, 139, 147, 149
elections 选举 128
elements 原理 46, 87
elites 精英 11—12, 22, 26—27, 36, 55—57, 70, 77, 81—83, 85—89, 92—93,

101, 110, 114, 116, 134—135, 138, 147, 149, 152—153, 165, 170, 172, 174—179, 181—182, 参阅 cadres（骨干）
Empedocles 恩培多克勒 128
emperors 皇帝 13—14, 73, 118, 121
empiricism 经验主义 10, 26, 41
Empiricists（Hellenistic medicalgroup）经验主义者/经验派（希腊医疗组织）86n.
Enlightenment 启蒙运动 138
entertainment 娱乐 19, 60, 65, 68
Ephorus 埃福罗斯 69n.
Epicureans 伊壁鸠鲁派 8, 10, 42, 85
epigraphy 铭文 71, 124
epistemology 认识论 6, 8, 10, 15, 27, 40, 46, 55, 82, 143, 179
equipollence 均势 8
equity 公平 77, 131—132
erudite 博学 11
ethics 伦理学 6—7, 10, 16, 27
ethnography 民族志 29, 66, 78—79, 87, 99, 138, 149, 156, 161
Euclid 欧几里得 21, 35—38, 40, 45, 53
Eudemus 欧德莫斯 35
Eudoxus 欧多克索斯 35, 43
Euripides 欧里庇得斯 140
euthyna 账目审计制 129
Eutocius 欧托西乌斯 35
Evans-Pritchard, E.E. 埃文斯-普里查德 80
evolution 进化 142
exactness 精确 53
examinations 考试 81
exhaustion, method of 穷竭法 36, 39, 53
experience 经验 15, 24, 26, 78, 83—84, 91, 129, 134, 152, 163
experimentation 实验 65, 155, 157, 159, 164, 167—169

experts 专家 3, 19, 48, 77—78, 80—81, 83—85, 89, 91, 94, 96, 100, 112, 115, 129, 134, 146, 162, 171—172, 174, 176
explanation 解释 65, 90, 146, 157
extrapolation 推断 55—56, 165

failure 失败 86, 146, 151
faith 信仰 23, 87, 139—141, 143, 145—147, 149—152, 175—176, 179
al-Fārābī 法拉比 21—22
felicity 幸福 91, 99—100, 109, 179
fertility 生产力 100
figurative discourse 比喻话语 143, 180
fiḳh, 细节解读 115
Foucault, M. 福柯 8, 88
foundations 基础 37, 56, 157
Fox, R. 福克斯 156, 164n.
French 法国人 6—7, 64, 154, 156, 172
Fu Xi 伏羲 118
functionality 功能性 99, 102, 109

Galen 盖伦 21, 36, 38, 83, 85, 87, 90
Galileo 伽利略 23, 151, 159, 167
Gandhāra 犍陀罗 18n.
Gaozi《告子》16n.
Geertz, C. 格尔兹 143—144
genethlialogy 占星学 41
genocide 种族灭绝 135—136
geography 地理学 66—67, 72, 125, 169
geometry 几何学 30—31, 33, 37, 39—40, 43—45, 48, 50, 53, 55, 167
German 德国人 6—7, 64, 154
al-Ghazāli 安萨里 22
glorification 赞颂 60, 63, 69, 74—75
Gluckman, M. 格卢克曼 24, 113
Gnau 格瑙人 78n., 80
gnomons 日晷 48—49

gods 神 4, 23, 58, 79, 83, 87, 106, 112, 114, 116, 118, 121, 124—127, 134, 137—147, 150, 162, 175
Gongsun Long 公孙龙 13—14
Gorgias 高尔吉亚 32
Gortyn 戈提那 124—125, 130
government 政府 7, 12—15, 72, 121, 133—134, 148
Great Divide 大分界 159, 161, 168
Greece 希腊 5, 8—10, 15—22, 25—26, 28—44, 46—47, 53—56, 58—59, 66—72, 81—85, 89, 95, 120, 122—133, 135—138, 140—142, 145, 156, 161, 163, 165—166
Guanzi《管子》119

Hacking, I. 哈金 88n., 153, 158, 166—167
Ḥadīth 圣训 115—116
Ḥajj 麦加朝圣 115
Hammurabi 汉谟拉比 113—114, 124
Han Fei 韩非 14, 117
Han Wu Di 汉武帝 12, 73, 120
Hanfeizi《韩非子》16, 117
Hanshu《汉书》72—73, 121
Hanunóo 哈努诺人 155—156, 160, 166
happiness 幸福 8, 10, 15, 26, 179
harmonics 谐音 31, 37, 39—40, 46—48, 55
harmony, cosmic 宇宙和谐 121
Hartog, F. 哈托格 67
health 健康 3, 77, 81—82, 91, 146, 179—180
heavens, study of 天体研究 41—45, 47—48, 55, 160—162, 165, 174
Hecataeus 赫卡泰戈斯 67
hegemonic status 霸权地位 4, 44, 57, 178, 182

hegemony 霸权 64, 69
heliocentricity 日心说 43, 142
hell 地狱 140, 150
Heraclitus 赫拉克利特 9, 128
herbalists 中医 83
herbs 中药 78, 87—88
heresy 异端 134, 138
Hero of Alexandria 亚历山大里亚的希罗 37
Herodotus 希罗多德 31, 33, 63, 67—68, 73, 112n., 126
Hesiod 赫西俄德 41, 124—125, 127
heuristics 启发 38, 56
hierarchies 阶层 116, 148—149, 167, 178
Hinduism 印度教 17, 137, 148
Hippias 希皮亚斯 126—127
Hippocrates of Chios 希俄斯的希波克拉底 35
Hippocratic treatises 希波克拉底论述 9, 82—84, 86
historia/historiē 调查/访问 66—67, 69
history 历史 46, 58—75, 90, 120, 125, 173—174, 178—180
Holocaust 大屠杀 65
Homer 荷马 58, 122—125
horoscopes 星座 41—42
Horton, R. 霍顿 144
hospitals 医院 76
Hou Hanshu《后汉书》72
Huainanzi《淮南子》14—15, 46—47, 121
Huangdi neijing《黄帝内经》83
Hughes-Freeland, F. 休斯-弗里兰德 108, 110n.
Hui Shi 惠施 13—14, 117
humours 幽默 81, 85, 87
hypotheses 臆测 34, 36, 41, 155, 158, 167
hypothetico-deductive method 假设-演绎法 157, 159

Iamblichus 扬布里柯 33
Ibn Rushd 伊本·路世德 21—22
Ibn Sīnā 伊本·西那 21—22
Ibn Ṭufayl 图发义尔 22
ideology 意识形态 75, 93, 109, 144
impurity 不洁 77, 148
incest 乱伦 127, 148
inconsistency 矛盾 6, 22, 24, 83, 113, 141, 179
incontrovertibility 无可辩驳性 36, 44, 49
India 印度 5, 17—20, 25, 76, 81, 83, 89, 94
ineffability 不可言说性 141
initiation 启蒙 139, 176
innovation 创新 27, 55—56, 75, 77, 88, 93, 95—96, 101, 108, 110, 112, 116, 134—135, 149, 153—154, 159, 165, 170, 172, 174—178, 181—182
inscriptions 铭文 59, 61
institutions 机构 5, 24—25, 27, 69, 76, 80, 128, 131—133, 141, 144, 149, 159, 163, 165—166, 169—170, 172—174, 178
instruction 教学 60—62, 72, 74, 106, 178
instrumentalism 工具主义 157—158
instruments 工具 168
Intelligent Design 智能设计 23
intelligibility 可理解性 143, 162, 180
intentionality 意向性 23, 80, 139
interdisciplinarity 跨学科性 172, 181—182
international relations 国际关系 113, 135—136
Ishi 伊什 30
Islam 伊斯兰教 5, 20—23, 113, 115—116, 134, 137, 150

索 引

Isocrates 伊索克拉底 9, 33, 131
Italian 意大利人 6—7, 94, 154
ius gentium 万民法 132

Jain 耆那教徒 18
Japanese 日本人 10, 94, 97n.
Java 爪哇岛 108
Jesuits 耶稣会 54
Jiuzhang suanshu《九章算术》，参见 Nine Chapters on Mathematical Procedures(《九章算术》)
Josephus 约瑟夫斯 69
Judaism 犹太教 115n., 137, 150
judges 法官 111—113, 115, 120, 123, 129, 133, 135
jury 陪审团，参见 dicasts(审判官)，129—130
justice 司法 77, 111, 113—115, 120, 122—128, 131—135, 140, 143

ḳāḍī 低层法官 115
Kalabari 卡拉巴里人 108n.
Kalpa 劫 19
Kepler, J. 开普勒 157
al-Kindi 金迪 21
kings 国王 11, 14, 73, 114, 117—119, 122, 124—125, 128, 134, 162
Kitawa 基塔瓦 99—102
Koselleck, R. 科泽勒克 61, 75
Kuhn, T. 库恩 168, 177, 182
kula 库拉 100
ḳur'ān《古兰经》21—22, 115—116

laboratories 实验室 155, 158—159, 166—170
Language, philosophy of 语言哲学 19—20
Laozi 老子 111n.

Latour, B. 拉图尔 168
law 法律 55, 70, 81, 111—136, 172—173, 175, 177—180
  courts 法院 34, 112—113, 120, 125, 128—129, 131
  School of 法家 11, 14, 117
  unwritten 习惯法 126—127, 136
lectures 演讲 12
Legalists 法家，参见 law, school of (法家)
Lévi-Strauss, C. 列维-斯特劳斯 99, 155—156, 164
Lewis, G. 刘易斯 80
Li Chunfeng 李淳风 55
Li Shizhen 李时珍 88
Li Si 李斯 12
libraries 图书馆 45, 59
Linnaeus 林奈 167
literacy 读写能力 2, 5, 23—26, 31, 80
Liu An 刘安 14, 46
Liu Hui 刘徽 49—55
Liu Xiang 刘向 45, 47
Liu Xin 刘歆 45, 47
Livy 李维 69
logic 逻辑 6, 8, 10, 15—18, 21—22, 25, 154, 165, 178—180
logistikē 逻辑学 32
lot 抽签 129—130
Lozi 罗兹人 24, 113
Lü Buwei 吕不韦 14, 119
Lun Heng《论衡》14, 141n.
Lunyu《论语》46, 116
Lüshi chunqiu《吕氏春秋》14—15, 118—119, 121
Luther, M. 马丁·路德 151
Lycurgus 吕库古 124
lying 谎言 112

Macedonia 马其顿王国 132

macrocosm-microcosm 宏观世界-微观世界 121—122

madness 疯狂 88, 95

magic 魔法 33, 44, 96, 99—100, 142n.

magistrates 地方法官 111, 114, 119—120, 122, 129, 132

Mandate from Heaven 天命 122, 134—135

al-Manṣūr Bi'llāh（Almanzor）阿尔曼左尔 22

Maori 毛利 103—106

Marcus Aurelius 马可·奥勒留 17

Marduk 马杜克 114

martyrdom 受难 147

Marx, K. 马克思 17n., 144

mathematics 数学 16, 20, 22, 28—57, 69, 85, 111, 166, 169, 173—174, 178—180

mathēmatikē 数学 31

mathematization 数学化 155

measurement 测量 33, 37, 40, 49, 167, 169

Mecca 麦加 115, 141

mechanics 力学 39

medicine 医学 22, 36, 44, 55, 69—70, 76—92, 112, 119n., 146—147, 166, 169, 172—173, 175, 177—180

memorialization 纪念 60

Mencius 孟子 11, 14, 16n.

menstruation 月经 148

Mesoamerica 中美洲 94, 165

Mesopotamia 美索不达米亚 66, 156, 161, 166, 174

metals 金属 164

meteorology 气象学 66, 163

Methodist school of doctors 方法医学派 86n.

methodology 方法论 55, 82, 167—168, 179

microscope 显微镜 168

midwives 助产士 78

Milindapañha《那先比丘经》18—19

millenarian cults 千禧年崇拜 151

mind, philosophy of 精神哲学 6, 10, 17, 21, 27

minerals 矿物质 66, 78, 87, 164

ministers 官员／大臣 11, 13—14, 72, 134

miracles 奇迹 46, 150

Mohists 墨家 11—12, 14, 17

monarchy 君主制 13, 60, 62, 73—74, 131—132

monotheism 一神论 137, 141, 149—150

monthly ordinances 月令 121

moon 月亮 41—42, 161

morality 道德 6—7, 17, 19, 25—27, 60, 69, 71, 77, 81, 95, 111—112, 116, 122—123, 135, 137, 139—140, 143, 148, 150, 154—155, 175, 180

mosques 清真寺 103

moxibustion 艾灸 82

Mozi 墨子 11—12, 117

Muhammad 穆罕默德 115

museums 博物馆 94, 97—98

music 音乐 33, 36, 39—41, 46—47, 95—98

Muslim 穆斯林 21—23, 115

mysticism 神秘主义 22, 141

mystification 神秘化 90

myth 神话 59, 105, 139

mythos 神话 68—69, 71

Nagasena 那先比丘 18

Names, School of 名家 11, 13

nationalism 民族主义 64, 70

nature 本质 9, 33, 66, 84—85, 107n., 126, 137, 143, 153

human 人的本质 16, 62, 131

索引 249

navigation 航海 33, 44
Needham, J. 李约瑟 159
neo-Platonism 新柏拉图主义 10
neo-Pythagoreanism 新毕达哥拉斯主义 33
Newton, I. 牛顿 157, 181n.
Nine Chapters on Mathematical Procedures《九章算术》45, 49—55
Noahide laws 诺亚律法 150
nomos 法律 96, 126
notations 符号 30, 32
number, concept of 数字观念 29, 32, 45, 47
Nyāya《正理经》18

objectivity 客观性 7, 61, 64, 66, 76, 95, 111, 119, 126—127, 177, 179
objets trouvés 从美的角度看事物 97—98
observation 观察 48, 61, 157, 161, 163—165, 169, 177
oligarchy 寡头政治 129, 131—132, 134
omens 预兆 48, 72, 161, 163
ontology 本体论 6, 10, 15, 17, 143
orality 口头表达 59, 71, 80, 116
oratory 演讲术 113, 也可参见 rhetoric（修辞学）
ordeal, trial by 神断法 112, 133
order 法则 3, 43, 117—118, 121, 124, 127—128, 133
orthodoxy 正统 82, 149

Pāṇini 波你尼 20
pantheism 泛神论 137
paradigms 范式 122, 168, 177
paradox 悖论 13—14, 16, 127, 143, 145—146, 152
Parmenides 巴门尼德 10, 15

Pasteur, L. 路易·巴斯德 168
patrons 赞助人 75, 94, 100—101, 108
penalties 惩罚 114, 117, 120—121, 123—124, 147，参阅 punishments（惩罚）
perception 感知 10, 15, 33, 39—40
Pericles 伯里克利 62, 126, 130
perjury 伪证罪 112, 130
Persia 波斯 67, 112n., 125, 131
persuasion 说服力 11, 16, 34, 38, 43, 55, 90, 95, 132
phases, five 五行 46, 121
philosopher-kings 哲学王 128
philosophy 哲学 3, 5—27, 32—34, 36, 42—44, 69, 90, 95, 117, 128, 143, 151, 155, 165, 169, 173—174, 178—180
Phoenicians 腓尼基人 67
physics 物理学 15—16, 43, 55, 58, 89, 154—155, 169—170
  naive 朴素的 23—24
physikē 自然 9, 46
pi（circle/circumference ratio）圆周率（圆/周长比例）50
Pinatubo Negritos 皮纳图博矮黑人 156
Pirahā 毗拉哈人　毗拉哈部落 30n.
pitch-pipes 音律 46—48
planets 行星 41—44, 48, 87, 162
plants 植物 66, 83, 87—88, 155—156, 161, 164
Plato 柏拉图 9—10, 13, 31—34, 39, 41—43, 95, 126—128, 131, 140, 142
pleasure 满足 8, 106—107
pluralism 多元主义 27, 83, 87, 177, 182
poetry 诗歌 59, 60, 66
poisons 毒药 80, 161, 164
polemic 争论 13, 46, 83
politics 政治 13—14, 60, 62, 74, 96, 113, 121—122, 125—132, 134, 148,

161—162
pollution 污染 148，参见 unclean（不洁净的）
Polybius 波里比阿 69
polytheism 多神教 137, 149
Popper, K. 波普尔 157
Poro Senoufo 博罗西努福人 148
postulates 假设 36, 38, 155, 166—167
prayer 祷告 139, 146
precedents 判例 63, 112, 121, 134, 169
prediction 预言 41, 44, 48, 85, 151, 156, 158, 162, 173
priests 神父 112, 137, 141, 144, 147, 149, 175
probability 可能性 44, 61, 167
processes 过程 46, 81—82
Proclus 普罗克鲁斯 35—38
professionalization 专业化 3, 70, 77, 80, 120, 135, 174
prophets 先知 112, 146, 175
Protestants 新教徒 138, 142n.
providence 天意 85
psychiatry 精神病学 88—89
psychoanalysis 精神分析 89
psychology 心理学 16, 23, 76, 88, 90, 128, 148, 155, 180
　　developmental 发展心理学 23, 29
Ptolemy 托勒密 38, 40—41, 43—44, 48, 162n.
pulse theory 脉象理论 85
punishments 惩罚 73, 89, 118, 120—121, 124, 140，参见 penalties（惩罚）
Purgatory 炼狱 150
purity 洁净 148, 180
Pythagoras 毕达哥拉斯 9n., 145
Pythagoreans 毕达哥拉斯学派 9n., 33, 40
qi_1（breath/energy）气（气息/能量）

48, 82
Qin Shi Huang Di 秦始皇 46
quipu 秘鲁的结绳文字 30

al-Rāzī 拉齐 21
realism 现实主义 157—158
reason 理性 6, 10, 15, 26, 40
records 记录 71, 73, 77, 80, 83—84, 86, 120, 160, 163, 165, 173
reductio 归谬法 36
Reformation 宗教改革 138
regularities 规律 127, 142n., 162, 167
reincarnation 再生 140
relativism 相对主义 157—158
religion 宗教 21—22, 87, 112, 115, 129, 134, 137—152, 172, 175—180
remonstration 抗议 15, 60, 66, 73, 122, 134
Renaissance 文艺复兴 95
research 研究 56, 66, 69, 88, 155, 163, 165, 177, 181
resonances 共鸣 15
revelation 启示 22, 112, 137—138, 146, 150—151, 160, 176, 179
revolt 叛乱 119
revolutions 革命 153, 155, 159—160, 168
rhetoric 修辞 9, 16, 32, 60, 62, 70—71, 89, 122, 131, 179
rites controversy 礼仪之争 150
ritual 礼仪 13, 79, 99, 109, 116, 139, 144, 150
rivalry 竞争 14, 46, 57, 60, 67—68, 72, 75, 85, 88—89, 92, 94—95, 100, 126, 143, 150, 170, 177
Romantics 浪漫主义者 95, 141
Rome 罗马 8, 16, 63, 65, 68—69, 95, 132, 137
Royal Society 皇家协会 159

Rousseau, J.J. 卢梭 138
sages（古）先贤 19, 112, 118, 122, 149
Ṣaḥāba 同伴 115
saints 圣徒 106, 139, 141, 147
salvation 救赎 143, 179
Sallust 萨鲁斯特 69
Sarvāstivāda 说一切有部 18
scepticism 论怀疑 79, 145
Sceptics（Greek philosophers）怀疑论者（希腊哲学家）8
schools 学院
    medical 医学院 19, 83, 172
    philosophical 哲学院 11, 17, 19
science 科学 66, 137—138, 142—143, 151, 153—171, 173, 176—181
    social 社会科学 155, 169
scientific method 科学方法 155, 168
Scoditti, G. 斯科蒂提 99—102
scribes 经学家 162, 174
Scythia 西徐亚 67—68
second-order inquiry 二级研究 4, 7, 23
Self, notions of 自我概念 19—20
Seneca 塞涅卡 16
Shakespeare 莎士比亚 65
shamans 萨满 78—79, 102, 138, 145
Shangjunshu《商君书》118
Shangshu《尚书》46
Sharī'a《伊斯兰教教法》113, 115—116
Shennong 神农 118
Shi_2（*Odes*）诗 12
Shiji《史记》11, 14, 46—47, 71—72, 119—120
Shinto 神道 137
shrines 圣殿 83, 87, 139, 141
Shu_3（*Documents*）《书》12
Shun（sage king）舜（圣王）118, 122
Sima Qian 司马迁 11, 46, 71—74, 120
Sima Tan 司马谈 11, 46, 71—72, 74

Simplicius 辛普利西乌斯 35
skill 技能 79, 99—100, 103, 110, 113—114, 163—164, 166, 169, 173
slaves 奴隶 114, 123, 130, 132n.
Socrates 苏格拉底 8—9, 13, 24—25, 32—33, 96, 126—127, 131, 142
Solon 梭伦 124—125
'sophists' "智者派" 9, 13, 140
Sophocles 索福克勒斯 126
soul 灵魂 10, 81, 127
Spanish 西班牙人 154
Sparta 斯巴达 68, 124
specialization 专业化 181
spirits 神灵 78—79, 138—141, 144—145
Spring and Autumn Annals《春秋》12, 70—71
stars 星宿 49, 161, 164
statistics 统计 61, 77, 167, 169
Stoics 斯多葛派 8, 10, 18
styles of inquiry 研究风格 153—154, 166—169
suan 算 45, 49, 54
Suanshushu《算数书》45
Sufism 苏非派 141
sun 太阳 41—43, 48—49, 142
Suśruta Saṃhitā《妙闻集》81, 83
Sūtras 佛经 17
sykophantai 敲诈者 132
syllogistic 三段论的 18n., 34
symbols 符号 33, 93, 96, 99—100, 106, 109, 143, 161
Syriac 叙利亚 21

Tacitus 塔西佗 69
taxonomy 分类学 155, 160, 167
technology 科技 128, 178
teleology 目的论 43, 84—85
telescope 望远镜 168

temples 寺庙 140—141, 149
    temple-medicine 寺庙医学 83, 86n.
Tertullian 德尔图良 145, 160
Thales 泰勒斯 24
Thapar, R. 塔帕尔 19
Theaetetus 泰阿泰德 35
theatre 戏院 97
theism 有神论 137
theodicy 神正论 127
Theodorus 西奥多鲁斯 35
theology 神学 37, 43, 70, 149, 166, 178
therapy 治疗 76, 82, 90—91
Thrasymachus 特拉西马库斯 126
Thucydides 修昔底德 62, 68, 126, 131
Timaeus（historian）提麦欧（历史学家）69n.
time 时间 19—20, 58, 161
Tlingit 特林吉特人 99
torture 折磨 120
tradition 传统 75, 110, 113, 134, 140, 175
tragedy 悲剧 140
transmigration 移居 140
trial and error procedures 试验和试错 164, 167
trials 试验 112, 120
truth 事实 7, 9—10, 22, 25—26, 34, 38, 64, 66—69, 150, 157—158, 177, 179
tu 图 96
tukutuku 装饰墙板 103
Tylor, E.B. 泰勒 140, 143n., 144
tyrants 僭主 122

unclean 不洁净的 77, 112, 148
United Nations 联合国 135
United States 美国 23, 64, 135
universities 大学 1, 4, 15, 17, 70, 76, 110, 154, 156, 158, 172, 176, 178, 182
Upaniṣads《奥义书》17, 19—20

utility 效用 33, 52—53, 56
Vaiśeṣika 胜论派 18
values 价值观 25, 61—62, 75, 77, 81, 97, 99, 106, 110, 116, 148, 176, 180
Vedas《吠陀》17
venesection 静脉切开术 82, 85
verification 验证 59, 64, 68, 74, 157, 179
virtue 美德 8, 69, 111, 116—118, 127—128, 131
Viveiros de Castro, E. 维威罗斯·德卡斯特罗 102, 107n.
vivisection 活体解剖 84—85
voting 投票 122, 125, 130, 135

Wang Chong 王充 14, 141
Weber, M. 韦伯 142n., 148
welfare 福利 14—15, 122
Williams, B. 伯纳德·威廉姆斯 8
wisdom 智慧 5, 9—10, 14, 41, 59, 118
witnesses 目击者 15, 59, 67—68, 115, 130—131
Wittgenstein, L. 维特根斯坦 7
worship 崇敬 139, 141, 144, 149, 179

Xenophanes 色诺芬尼 128
Xenophon 色诺芬 33, 126—127
Xerxes 薛西斯 126
Xiong Nu 匈奴 63, 125
Xunzi 荀子 11—14, 16n., 141

Yao（sage-king）尧［圣王］118, 122
Yellow Emperor 黄帝 70, 118
Yi_1（*Book of Changes*）《易经》12, 47
Yin yang 阴阳 11, 16, 47, 121
Yu（sage-king）禹［圣王］122
Yugas 四世 19
Zaleucus 扎鲁库 124
zero 零 30

Zeus 宙斯 123—125
Zhao Youqin 赵友钦 50
Zhoubi suanjing《周髀算经》45, 48—49, 54

Zhuangzi《庄子》13
Zoroastrianism 拜火教 137
Zu Chongzhi 祖冲之 55
Zuo Zhuan《左传》71, 111n.

译后记

英国历史学家、人类学家麦克法兰说,"剑桥也有许多杰出古典史学家,例如摩西·芬利爵士,他是一位论述古希腊和古罗马的大作家,曾任达尔文学院院长。这一脉我采访的是杰弗里·劳埃德爵士,他是一位哲学家、历史学家和论述中国科技及哲学的作家,也曾担任达尔文学院院长"[1]。

杰弗里·劳埃德爵士(Sir G.E.R. Lloyd,1933—)[2]研究古典学出身,擅长比较研究与认知研究。他1933年1月25日出生于英国威尔士南部港市斯旺西(Swansea),在伦敦、威尔士长大,父亲是医生,专长于肺结核研究,这为劳埃德日后的科学史研究、医学史研究奠定了基础。他在童年教育阶段换过很多所学校,最后来到切特豪斯(Charterhouse)贵族公学学习,表现出了数学天赋。从切特豪斯毕业后,17岁的劳埃德渴望去牛津大学读书,与历史学家休·特雷弗-罗珀(Hugh Trevor-Roper,1914—2003)有过来往,但并没有被他接受。这时帕特里克·威尔金森(Patrick Wilkinson)把劳埃德招揽至剑桥

---

[1] 艾伦·麦克法兰:《启蒙之所 智识之源》,管可秾译,商务印书馆2011年版,第262页。
[2] 中文名"罗界",台湾地区译为"罗伊德"。

大学学习。[3] 劳埃德早年师从古典学家约翰·雷文（John Earle Raven, 1914—1980），学习希腊哲学。曾在雅典学习现代希腊语（1954—1955）。

1958年，劳埃德获剑桥大学古典学博士学位，博士论文《对立和类比：早期希腊思想中论辩的两种类型》（*Polarity and Analogy: Two Types of Argumentation in Early Greek Thought*, Cambridge; Bristol Classical Press,1987；Hackett Publishing Company, Inc., 1992年再版）是在以研究希腊文学、神话著称的杰弗瑞·柯克（Geoffrey Stephen Kirk, 1921—2003）指导下完成的，并于1966年由剑桥大学出版社出版。与社会人类学家埃德蒙·李奇（Sir Edmund Ronald Leach, 1910—1989）的一次谈话使他特别关注刚刚由列维-斯特劳斯提出的结构人类学，这对其日后研究产生了很大影响。1965年，他在摩西·芬利（Sir Moses I. Finley, 1912—1986）的帮助下获得剑桥大学助理讲师职位。劳埃德主要在剑桥大学工作，1997年因其对"思想史研究的卓越贡献"而被封为爵士。

1987年访问中国后，他追随李约瑟的研究路径，开始进行古代希腊与古代中国的比较研究，这也促使了其后来与内森·席文（Nathan Sivin, 1931— ）的合作研究。劳埃德著述丰富，出版著作达20多本，其中不少著作已被译成法语、意大利语、西班牙语、德语、希腊语、罗马尼亚语、波兰语、斯洛文

---

[3] 劳埃德在这里结识了众多学者，如西蒙·雷文（Simon Raven）、尼尔·阿舍森（Neil Ascherson）、罗伯特·厄斯金（Robert Erskine）、克里斯·弗斯特（Chris Foster）、乔纳森·米勒（Jonathan Miller）、摩西·芬利（Moses Finley）、Noel Annan（诺埃尔·安南，1916—2000, 1935年来到国王学院）、Eric Hobsbawm（艾瑞克·霍布斯鲍姆，1917—2012, 1936年来到国王学院）等。

尼亚语、土耳其语、日语、韩语和汉语等。[4]劳埃德发表的论文超过百篇，此外还有150多篇书评与评论。

贯穿劳埃德一生的研究方法是：古代希腊的政治话语是如何影响科学话语的？如何影响其表达形式的？其在剑桥大学的个人主页上自我定位的研究领域是"古代希腊，希腊与中国哲学、科学的比较研究"[5]，他的成就主要体现在：在科学史方面，提出了"新科学史"的概念，成为古代希腊科学史研究的权威；在东西比较研究方面，提出"文化整体"（Cultural Manifolds）的概念，成为当代西方世界与席文并称的东西方比较研究的权威，尤其是有关古代希腊与古代中国的比较研究；[6]在学术史研究方面，从比较的角度审视东西方各个学科的形成与发展，提出很多真知灼见；在思想史研究方面，尤其关注古代社会知识史与文化史的研究，从"心理一致说"（Theory of psychic unity）的角度解读人类的认知。

近年来，有关"心理一致说"在普遍主义者和相对主义者之间产生了广泛争议，而劳埃德则另辟蹊径，从空间、色彩、

---

[4] 中文世界已经翻译出版的著作有：《认知诸形式：反思人类精神的统一性和多样性》，池志培译，江苏人民出版社2013年版；《早期希腊科学：从泰勒斯到亚里士多德》，孙小淳译，上海科技教育出版社2004年版；《古代世界的现代思考：透视希腊、中国的科学与文化》，钮卫星译，上海科技教育出版社2009年版；罗伊德：《亚里士多德思想的成长与结构》，郭实渝译，联经出版事业公司1984年版；劳埃德：《历史学的科学哲学之用》，孙小淳译，载《科学文化评论》2011年第3期，等等。

[5] 见 http://www.classics.cam.ac.uk/directory/geoffrey-lloyd。

[6] 劳埃德和席文合著的《道与名：早期中国和希腊的科学和医学》（耶鲁大学出版社2002年版）一书提出了"文化整体"的概念，用以对古代中国和古希腊的科学进行新的比较研究。这个新的比较研究方法对于非比较性的研究也同样有用。文章以元初的《授时历》改历为主要事例，阐释这个新方法的具体应用。见《中国科技史杂志》2005年第2期。

因果、情绪、人格等方面去探究。劳埃德所出版的《认知诸形式：反思人类精神的统一性和多样性》《形成中的学科——跨文化视角下的精英、学问与创新》和《存在、人性和理解》(Being, Humanity, and Understanding, 2012)是对这一问题进行系统回应的三部曲。[7]

《形成中的学科》一书选取了人类经验的八个不同领域进行研究，首先认为涉及古代、现代不同社会的人类认知这一核心活动是存在差异性的；其次，那些鼓励或迫使新学科建立的因素，特别是精英在这一过程中所起的作用，既有积极的一面，也有消极的一面。如作者所言："该书中，我未能处理一个重要且一再出现的问题群，即有关不同地区人类经验的理解是如何被组织起来的？不同的知识学科是如何出现的？学科出现的制度性环境如何？"[8] 从宽泛的意义上说，我们自己的学科图谱具有坚定不移的跨文化性。就这一假设的形成而言，全世界高等教育的结构充当了它的某个推动因素。劳埃德将注意力集中在历史和跨文化材料上，它们阐明了各学科在不同时期、不同文明中得以构建、界定的不同方式，尤其是在古希腊和中国。

最后要交代翻译的相关事情。本书文内所提到的页码为原书页码，即本书边码，索引中的页码也是指原书页码，以便于读者查找原文。该书由洪庆明、屈伯文和我共同翻译，具体分工如下：洪庆明翻译了第二、五、六章，屈伯文翻译了第一、八及结论章，曹南屏、宋可即提供了部分章节翻译的初稿，在

---

[7] 另一本书是塔纳(Lectures in the Philosophy of Science, 2012)的成果。《探寻的理想：一部古代史》(The Ideals of Inquiry: An Ancient History)研究的是与探寻相关的三个关联问题：方法、主题、目的与价值。

[8] Disciplines in the Making: Cross-Cultural Perspectives on Elites, Learning, and Innovation, Oxford, 2009, p.vii.

此深表感谢。黎云意、施瑾翻译了索引初稿。本书其余部分由我翻译，并最后负责通校全部译文。虽前后校对几次，但难免会存在一些问题。此次再版在一定程度上做了修订，希望能尽量反映原著的本义。

陈恒

2023.10.18

图书在版编目（CIP）数据

形成中的学科：跨文化视角下的精英、学问与创新 /（英）G. E. R. 劳埃德著；陈恒，洪庆明，屈伯文译. 北京：商务印书馆，2024. -- （新史学译丛）. ISBN 978-7-100-24248-6

I. G30

中国国家版本馆 CIP 数据核字第 2024694S4J 号

权利保留，侵权必究。

新史学译丛

形成中的学科

——跨文化视角下的精英、学问与创新

〔英〕G. E. R. 劳埃德　著

陈恒　洪庆明　屈伯文　译

商 务 印 书 馆 出 版
（北京王府井大街36号　邮政编码100710）
商 务 印 书 馆 发 行
北京市白帆印务有限公司印刷
ISBN 978 - 7 - 100 - 24248 - 6

2024年10月第1版　　开本 710×1000　1/16
2024年10月北京第1次印刷　印张 16½
定价：75.00元